岩波講座
物理の世界

数学から見た量子力学

岩波講座 物理の世界

物の理 数の理 5

数学から見た量子力学

砂田利一

岩波書店

編集委員

佐藤文隆

甘利俊一

小林俊一

砂田利一

福山秀敏

本文図版

飯箸　薫

まえがき

　本書は,「物の理・数の理」の最終巻であり, 20世紀初頭に誕生した量子物理学を数学的観点から解説することを目標とする. これまで, 相対論を除けばニュートン力学を基礎とした力学理論に焦点を当てて展開してきた. また, 相対論を含めたとしても,「古典的物質観」が常に理論の基礎にあった. 量子物理学の中心に位置する量子力学は, この古典的物質観を根底から変革するものである.

　量子力学では, 物体の状態を表わすのは「波動関数」である. この波動関数も古典的な意味での波動関数ではなく, シュレーディンガー方程式という古典力学には登場しない方程式を満たす複素数値の関数なのである. また, 位置, 運動量, エネルギーなどの物理量は波動関数に作用する作用素(演算子)として表現される. この古典力学とはまったく異なる量子力学の設定は, 数学的には極めて美しい整合性を有している. しかし,「なぜこのような設定が正しいのか」という問に対しては, 古典的物質観に立った説明は極めて困難である. 実際, 歴史が示しているように, 直観では捉えられない物質の性質を説明するには, 数学的「手探り」による基礎付けに頼らざるを得ない. その基礎付けが「正しい」ことは, 古典力学と同様に実験事実との照合のみにより確かめられるが, 量子力学ではさらにこの傾向が強くなる. すなわち, 理論の構築にはこれまでにも増して数学的整合性を必要とするのである.

　第1章では, ヒルベルト空間の作用素論を基礎にした量子力

学の設定を行う．古典力学，とくにハミルトン力学系との類似を追いながら，さまざまな量子力学的概念を導入する．第2章は，古典力学から量子力学への移行（量子化）について，ハミルトン関数のクラスを限定して解説する．第3章では，量子論の誕生を促した物理現象について，量子力学による解釈を与える．第4章では，結晶固体の比熱の理論を数学的観点から構築することを試みる．

　作用素論についての基本事項の説明とともに，量子力学のテキストとして本来扱うべきトピック（たとえば，相対論的量子力学，ボーズ–アインシュタインとフェルミ–ディラックの量子統計力学，散乱理論など）については，ページ数が限られていることもあって割愛せざるを得なかった．また本書の執筆を始めたときには，物性論の数学的側面を解説する予定でいたのだが，これについても十分な内容を含めるまでには至らなかった．しかし，最終章で物性論の入り口である結晶の量子物理について解説したことで，ある程度の責は果たしたと思う．

　「物の理・数の理」全5巻を執筆するにあたって，岩波書店編集部には一方ならぬお世話になった．編集部からの常日頃のモラル・サポートがなければ，「畑違い」の主題に無謀にも挑戦する筆者の志気を維持することは，極めて困難であったことを申し添えておく．

　　2005年6月

　　　　　　　　　　　　　　　　　　　　　　　砂田利一

目 次

まえがき

1 量子力学 ･･････････････････････････1
  1.1 量子力学の誕生　2
  1.2 量子力学の設定　6
  1.3 不確定性原理　12
  1.4 古典力学との類似性　17

2 量子化 ･････････････････････････････32
  2.1 古典力学から量子力学へ　33
  2.2 調和振動子の量子化　42
  2.3 サイクロトロン運動の量子化　46
  2.4 角運動量の量子化——軌道角運動量　48
  2.5 スピン角運動量　60

3 量子力学の正当性 ････････････････････68
  3.1 水素原子のスペクトル　68
  3.2 空洞輻射　73
  3.3 アハロノフ-ボーム効果　75
  3.4 磁気単極子の量子化——電荷の整数性　78
  3.5 パウリの方程式　82

4 固体の量子論 ･･･････････････････････84
  4.1 結晶格子　85
  4.2 固体の中の電子の運動——ブロッホ理論　87
  4.3 格子振動　91
  4.4 ハミルトン形式による格子振動　97

4.5 T^3 法則　102

あとがき　111
参考文献　115
索　引　117

―― 囲み記事 ――
量子力学における確率解釈　　11
「粒子説」と「波動説」　　16
量子化の「意味」を探る試み　　37
「代数の時代」としての 19 世紀　　64
前期量子論　　72
前期量子論における比熱の計算　　88

1
量子力学

　量子力学は，ニュートン力学では説明できないさまざまな物理現象を統一的に解釈するために，古典理論とはまったく異なる観点から構築された力学である．量子力学においても，状態，物理量，エネルギー，運動方程式などの力学の基本概念が登場するが，それらは古典力学とはまったく異なる形式を持つ．そして「古典力学的世界」と「量子力学的世界」の間をつなぐ対応は，一方では「形式上の置き換え」で説明され，他方では概念的類似により正当化される*．本章では，ニュートン力学による個別的現象の理解からハミルトン力学による一般的定式化に向かったこれまでの道筋とは逆に，有限自由度かつ非相対論的な量子力学の一般的設定から始めて，その後に個別的な現象の取り扱いを述べる．ヒルベルト空間とその間の線形作用素の概念が，このための必須の言葉となる．

　＊　言うまでもないことだが，真の正当化は実験事実との整合性による．

■1.1 量子力学の誕生

 本講座「物の理・数の理1」で述べたように,万有引力による惑星の運動や電場・磁場の下での荷電粒子の運動など,われわれが直接目にすることのできるマクロの世界では,ニュートン力学は多大の成功を得た.しかし,ボルツマンやマクスウェルらによる気体の運動理論の発展とともに,物理学者の目は,分子や原子などのミクロの世界に転じていく.そして,19世紀末から20世紀初めにかけてニュートン力学では説明不能な現象が数多く発見され,相対論を含む古典的世界の物理的描像は徹底的変革が求められたのである.その代表的例を挙げておこう.

 (1) 古典的理論による空洞放射の内部エネルギーの分布が,高振動数においては実験から得られる分布と異なること.

 実際,本講座「物の理・数の理3」の3.4節および「物の理・数の理4」の3.4節で述べたように,温度 T の空洞 D において,壁で完全反射する電磁場の ν 以下の固有振動数の数を $\phi(\nu)$ とするとき,古典統計力学から得られる内部エネルギーの分布は,

$$U(\nu) = kT\phi(\nu) \sim \frac{8}{3}kT\pi\,\mathrm{vol}\,(D)c^{-3}\nu^3 \quad (\nu \to \infty)$$

により与えられた(レイリー–ジーンズの法則)[*].しかし,実験から得られる実際のエネルギー分布は,プランクが与えた公式

$$U(\nu) = \int_0^\nu \frac{h\nu}{\mathrm{e}^{h\nu/kT}-1}\mathrm{d}\phi(\nu) \qquad (1.1)$$

に従っている(1900年).ここで,h はプランク定数とよばれる

---

 [*] k はボルツマンの定数である.

正数であり，数値としては $h=6.62\times10^{-27}$ erg sec であるから極めて小さい．このことを考慮して，(1.1)において $h\downarrow 0$ とすればレイリー–ジーンズの法則となることに注意しよう．さらに古典理論では，空洞の全内部エネルギーは無限大であることが結論されるが，実際にはそれは有限であり，プランクの公式はこの事実もうまく説明する．そして，実験により確認されるシュテファン–ボルツマンの法則(1884年) $U(\infty)\sim\sigma T^4$ $(T\uparrow\infty)$ もプランクの公式から導出されるのである(σ は定数；3.2節参照)．

(2) 金属に光を当てると，光を吸収して表面から**電子**(**光電子**)を放出し電気を帯びるが(**光電効果**)，光電子のもつ最大のエネルギーは，光の振動数のみによって決まること(**レナルト；1902 年**)．

この現象に対する古典的解釈は「光(電磁場)が電子に作用して，これにエネルギーを与える」ということである．ところが，この解釈では光電子の運動エネルギーは光の強さ(電磁場の振幅の2乗)に依存することになる．事実は，光電子の数は光の強さに比例するが，その運動エネルギーは光の振動数だけで決まるのである．これは，光が電磁波であるという事実と矛盾し，むしろ振動数に比例するエネルギーをもつ粒子であることを示唆している．

(3) **1911 年にラザフォード**が実験結果から提案した「**太陽系型**」の原子模型では，原子核のまわりを運動する電子は電磁場を放出しながら運動エネルギーを失って，短時間のうちに原子核に落ち込むことになり，原子の安定性に反すること．

水素原子を考え，正の電荷 e と質量 M をもつ陽子を中心にして負の電荷 $-e$ と質量 m をもつ電子がクーロン力により運動しているとする．陽子に対する電子の相対的運動は $\mu\ddot{\boldsymbol{y}}=-\dfrac{e^2}{4\pi\epsilon_0}\dfrac{\boldsymbol{y}}{\|\boldsymbol{y}\|^3}$

により記述される*. $M=1.6726\times 10^{-24}$ グラム, $m=9.1093\times 10^{-28}$ グラムであるから, 陽子の質量は電子の質量に較べて極めて大きく, $\mu=m$ かつ陽子は静止していると考えてもよい. そこで, さらに議論を簡易化するため, 電子が陽子を中心とする等速円運動を行っていると仮定しよう. その半径を r, 速度を v, 角速度を ω とすれば, ニュートンの運動方程式から $m\omega^2 = \dfrac{1}{4\pi\epsilon_0}\dfrac{e^2}{r^3}$ が得られ, これと $v=r\omega$ を利用すれば, 電子の力学的エネルギー E は

$$E = \frac{1}{2}mv^2 - \frac{1}{4\pi\epsilon_0}\frac{e^2}{r} = -\frac{1}{8\pi\epsilon_0}\frac{e^2}{r} \qquad (1.2)$$

により与えられる. ところで, 単位時間に電子が放射する電磁波のエネルギーは, 加速度の大きさが $r\omega^2$ であることから

$$\frac{\mu_0 e^2}{6\pi c}\|\ddot{\boldsymbol{x}}(\tau_0)\|^2 = \frac{\mu_0 e^2}{6\pi c}\left(\frac{e^2}{4\pi\epsilon_0 m r^2}\right)^2$$

にほぼ等しい**. したがって, $E_{e,m}$ を電磁場のエネルギーとするとき,

$$-\frac{\mathrm{d}}{\mathrm{d}t}(E+E_{e,m}) = \frac{\mu_0 e^2}{6\pi c}\left(\frac{e^2}{4\pi\epsilon_0 m r^2}\right)^2$$

が成り立たなければならない. もし電子の運動が安定していれば, E は時間によらず一定であり, $-\dfrac{\mathrm{d}}{\mathrm{d}t}E_{e,m}$ は一定の正定数であるから, $E_{e,m}$ は十分に時間がたてば負にならざるをえない. これは電磁場のエネルギーが正であることに反する.

(4) 水素原子から発する光(電磁波)のスペクトルが, 古典理論から得られるスペクトルとは異なること.

　＊　本講座「物の理・数の理 1」5.4 節, 例題 5.18 参照. $\mu=mM/(m+M)$ であり, **換算質量**とよばれる.
　＊＊　「物の理・数の理 3」3.3 節, 例題 3.4 参照.

通常，光はさまざまな波長(振動数)をもつ電磁波からなり，波長により屈折率が異なる．このため，プリズムなどの分光器を通したときに，光は固有振動する単色光に分解され，その結果色の帯が生じる．これを**スペクトル**という．すなわち，スペクトルから電磁波の固有振動数を読み取ることができる．もし，水素原子の中で電子が周期 T の周期運動を行っていれば，放射される電磁波も周期 T をもつ*．よって，その固有振動数は $1/T$ の整数倍からなるはずである．ところが，水素原子から発する光の固有振動数は

$$\nu = R\left(\frac{1}{n_1{}^2} - \frac{1}{n_2{}^2}\right), \quad (n_1, n_2 \text{ は自然数}) \qquad (1.3)$$

の形をしていることが実験から結論される(バルマー(1885年)，ライマン(1906年)らによる)．ここで定数 R はリュードベリ定数とよばれ，$\dfrac{\mu e^4}{8\epsilon_0^2 h^3}$ により与えられる(3.1節)．ここにもプランク定数 h が現れる．(1.3)において，$n_1=n$, $n_2=n+k$ と置き，hn が一定の値になるように $n\uparrow\infty$, $h\downarrow 0$ とすれば，ある定数 C により $\nu\sim Ck$ $(k=1,2,\cdots)$ となって，古典論からの結論に一致することに注意しよう．

これらの矛盾を解決するため，プランク，アインシュタイン，ボーアたちは古典力学とはまったく異なる大胆な仮説を提唱し，この仮説の下で上記の現象を説明することに成功した(**前期量子論**)．彼らの仮説を統一的観点から見直し，一般理論を作ったのがハイゼンベルクとシュレーディンガーである．ハイゼンベルクは無限サイズの行列理論に基づいた「行列力学」を提唱し(1925

---

* 本講座「物の理・数の理 3」3.3節，演習問題 3.3 参照．

年),シュレーディンガーはある種の波動方程式を運動方程式と見立てて「波動力学」を構築した(1926 年).彼らの理論は一見大きく異なるように見えるが,実際には等価な理論であることがシュレーディンガー自身により示され,その後ディラックとフォン・ノイマンによる発展・整理を経て,**量子力学**とよばれる力学理論の完成に至ったのである.

本章では,量子力学の発見の歴史的な道筋は省略して,ハイゼンベルクとシュレーディンガーが到達した時点から話を始める(参考文献[1]参照).

■1.2 量子力学の設定

量子力学についての説明に入る前に,ハミルトン形式で表現された力学系 (S,ω,H) について復習しよう.微視的状態はシンプレクティック多様体(相空間) S の元であり,ハミルトン関数 H は力学的エネルギー(運動エネルギーとポテンシャル・エネルギーの和)の一般化である.そして,物理量は S 上の関数であり,状態 $x \in S$ において物理量 f は**確定した値** $f(x)$ という値を取る.また,ハミルトン関数 H が生成するハミルトン流を T_t として,時刻 0 における状態を x とするとき,時刻 t においては状態 $T_t x$ を取る.$x(t) = T_t x$ は運動方程式の一般化であるハミルトンの方程式 $\dfrac{dx(t)}{dt} = (\mathrm{Grad}\,H)(x(t))$ を満たし,物理量の時間発展 $F(t,x) = f(T_t x)$ は方程式,

$$\frac{\partial F}{\partial t} = (F, H) \tag{1.4}$$

を満たしていた.ここで,$(\cdot,\cdot)$ はポアソンの括弧式である.

<u>有限自由度かつ非相対論的な量子力学</u>は,ハミルトン力学系

1.2 量子力学の設定

に似た構造をもつ.実際,「状態」,「物理量」,「運動方程式」,などの概念は,量子力学においても意味をもち,それらはヒルベルト空間とその間の自己共役作用素の概念を用いて定式化される.しかし,量子力学はこれまでの「力学観」とはまったく異なる観点をもつのである.ここでは,「何故そうなのか?」という疑問には答えず,まず量子力学の設定を抽象的に述べることにする.以下,ヒルベルト空間論の知識を仮定する.参考文献として,[5]を挙げておくので,必要に応じて参照してほしい(最小限の説明は脚注で与える).

(設定 1) $\mathcal{H}_\hbar$ を,正数 $\hbar$ をパラメータとする複素数体 $\mathbb{C}$ 上のヒルベルト空間とする*.(量子力学的)**状態**は $\mathcal{H}_\hbar$ の単位ベクトルにより与えられる.以下,$\mathcal{H}_\hbar$ の内積を $\langle \cdot, \cdot \rangle$,ノルムを $\|\cdot\|$ により表わすことにする.したがって,$\mathcal{H}_\hbar$ における「単位球面」$S(\mathcal{H}_\hbar) = \{\psi \in \mathcal{H}_\hbar;\ \|\psi\| = 1\}$ が(量子力学的)**状態空間**である**.

(設定 2) (量子力学的)**ハミルトニアン**は,$\mathcal{H}_\hbar$ の自己共役作用素 $\widehat{H}_\hbar$ により与えられる***.

---

* 完備な計量線形空間をヒルベルト空間という.本書に現れるヒルベルト空間は,稠密な可算集合をもつという意味で可分である.可分な無限次元ヒルベルト空間は,つぎの性質をもつベクトル列 $\{e_n\}_{n=1}^{\infty}$ をもつ.(1)$\langle e_i, e_j \rangle = \delta_{ij}$,(2)任意の x に対して,$x = \sum_{n=1}^{\infty} \langle x, e_n \rangle e_n$.このような $\{e_n\}_{n=1}^{\infty}$ を**正規直交基底**あるいは**完全正規直交系**という.

** $\mathcal{H}_\hbar$ を状態空間とよぶこともある.また,$\mathcal{H}_\hbar$ の元を,**波動関数**とよぶことがある.

*** 稠密な定義域 $D(T)$ をもつ線形作用素 $T: \mathcal{H}_\hbar \longrightarrow \mathcal{H}_\hbar$ が $T^* = T$ を満たすとき,T は自己共役作用素とよばれる.ここで,T^* は T の共役作用素であり,$D(T^*) = \{y \in \mathcal{H};\ $すべての $x \in D(T)$ に対して,$\langle Tx, y \rangle = \langle x, y^* \rangle$ となる $y^* \in \mathcal{H}$ が存在する$\}$ を定義域とし,$T^* y = y^*$ と置いて定義される.$\langle Tx, y \rangle = \langle x, Ty \rangle$ が $x, y \in D(T)$ に対して成り立つときには,T は対称作用素とよばれる.自己共役作用素は対称作用素であるが,逆は一般には成り立たない.自己共役作用素の定義域が $\mathcal{H}_\hbar$ 全体であり,しかも有界(連続)であるときには,**エルミート作用素**とよばれる.

組 $(\widehat{H}_\hbar, \mathcal{H}_\hbar)$ を，**量子力学系**という．2つの量子力学系 $(\widehat{H}_{1,\hbar}, \mathcal{H}_{1,\hbar})$, $(\widehat{H}_{2,\hbar}, \mathcal{H}_{2,\hbar})$ について，$\widehat{H}_{2,\hbar} = U\widehat{H}_{1,\hbar}U^{-1}$ を満たすユニタリ同型写像(計量線形空間としての同型写像) $U: \mathcal{H}_{1,\hbar} \longrightarrow \mathcal{H}_{2,\hbar}$ が存在するとき，$(\widehat{H}_{1,\hbar}, \mathcal{H}_{1,\hbar})$, $(\widehat{H}_{2,\hbar}, \mathcal{H}_{2,\hbar})$ は**同型**(あるいは**ユニタリ同値**)であるという．

注意 パラメータ $\hbar$ としては $2\pi\hbar$ がプランク定数となるような数を念頭に置いている．しかし，相対論における光速 c の役割と同様に，数学的には $\hbar$ の値を固定しない．そして，本章の冒頭で述べたように，$\hbar \downarrow 0$ としたときに，量子力学の何らかの意味での「極限」が古典力学になると考えているのである．注意すべきことは，ニュートン力学を相対論の $c \uparrow \infty$ での「極限」と捉えるのに較べて $\hbar \downarrow 0$ での「極限」の意味は，はるかに間接的である．すなわち，量子力学系の構造そのものの「極限」が古典力学系になるのではなく，あくまで測定を通して見た「極限」なのである．

多くの場合，ヒルベルト空間 $\mathcal{H}_\hbar$ は $\hbar$ にはよらない．しかし，相空間が位相的に複雑な場合，$\mathcal{H}_\hbar$ は $\hbar$ に依存することがある．

以下，$\mathcal{H}_\hbar$ の添字 $\hbar$ は略し，単に $\mathcal{H}$ と表わすことにする．また，ハミルトニアン $\widehat{H}_\hbar$ は時間に依存しないとする．

(**設定3**) 初期状態 ψ_0 に対して，ハミルトニアン $\widehat{H}_\hbar$ の下でのその時間発展 $\psi(t)$ は(量子力学的)**運動方程式**

$$\sqrt{-1}\hbar \frac{d\psi}{dt} = \widehat{H}_\hbar \psi \qquad (\psi(0) = \psi_0) \qquad (1.5)$$

を満たす．(1.5)を(広義の)**シュレーディンガー方程式**ともいう．

注意 (1.5)は常に一意的に解くことができる．その解 $\psi(t)$ に対して $\psi(t) = T_t\psi_0$ と置くとき，T_t は $\mathcal{H}$ の1径数ユニタリ変換群に拡張される．よって，T_t は状態空間 $\mathbf{S}(\mathcal{H})$ の1径数変換群を誘導する．逆に，状態の時

間発展が 1 径数ユニタリ変換群 T_t により与えられるとき，

$$\widehat{H}_\hbar \psi = \sqrt{-1}\hbar \lim_{t\to 0}\frac{1}{t}(T_t - I)\psi$$

により定義される作用素は自己共役作用素となる（ストーンの定理）．したがって，量子力学系の状態の時間発展は 1 径数ユニタリ変換群により与えられるべきとするならば，ハミルトニアンは自己共役作用素（あるいは自己共役作用素に拡張可能な対称作用素）でなければならない*．

（**設定 4**）（量子力学的）**物理量**は $\mathcal{H}$ の自己共役作用素である．とくに，ハミルトニアン $\widehat{H}_\hbar$ は力学的エネルギーを表わす物理量である**．

（**設定 5**）状態 ψ において物理量 A を**測定**するとき，一般にはその測定値は測定ごとに異なる．しかし，測定値の分布は，ψ および A から一意に決まる確率分布（測度）$P_{A,\psi}$ に従う．すなわち，状態 ψ において物理量 A を測定するとき，測定値が区間 $(a,b]$ に含まれている確率は，$P_{A,\psi}((a,b])$ である．

A のスペクトル分解を

$$A = \int_{-\infty}^{\infty} \lambda \, d\boldsymbol{E}(\lambda)$$

---

* 物理学のテキストでは，ハミルトニアンを対称作用素とするだけで，その自己共役性（あるいは拡張可能性）に注意をほとんど払わないが，実は重要な事柄である．本書でも作用素の自己共役性についてはいちいち確認はしないが，数学の問題としては（一般には容易ではないが）「証明」すべきものであることを強調しておく．なお，古典力学系において自己共役性に対応するのは，ハミルトン流 T_t がすべての $t\in\mathbb{R}$ で定義されること，すなわちハミルトン・ベクトル場が完備なことである．

** 一般に自己共役作用素というときには，その定義域は $\mathcal{H}$ と一致しないから，物理量 A と状態 ψ に対して $A\psi$ や $\langle \psi, \psi \rangle$ が定義されているとは限らない．以下の説明では，作用素の定義域をいちいち断らないが，状態が定義域に属するという仮定は暗黙のうちに行う．また，扱う物理量の定義域は，すべてに共通の稠密な部分空間 $\mathcal{D}\subset\mathcal{H}$ を含むと仮定する．なお，物理量に自己共役性を仮定しない流儀もある．

とするとき*，$P_{A,\psi}$ は

$$P_{A,\psi}\big((a,b]\big) = \langle \boldsymbol{E}(b)\psi,\psi\rangle - \langle \boldsymbol{E}(a)\psi,\psi\rangle$$

により定められる．

$$\langle A\psi,\psi\rangle = \int_{-\infty}^{\infty} \lambda\,\mathrm{d}P_{A,\psi}(\lambda)$$

に注意すれば，確率分布 $P_{\psi,A}$ の期待値(正確には，確率空間 $(\mathbb{R}, P_{A,\psi})$ 上の確率変数 $X(\lambda)=\lambda$ の期待値)は，$\langle A\psi,\psi\rangle$ に等しいことがわかる．これを状態 ψ における物理量 A の**期待値**といい，$\mathcal{E}_\psi(A)$ あるいは $\langle A\rangle_\psi$ により表わす．

注意 物理量の測定値に対する確率分布 $P_{A,\psi}$ の形を見れば，絶対値 1 の複素数 $z\in\mathbb{C}$ により状態 ψ を $z\psi$ に置き換えても $P_{A,\psi}$ は不変なことがわかる．したがって，測定値に関する限り，状態空間 $\boldsymbol{S}(\mathcal{H})$ の代わりに，「射影空間」$\boldsymbol{P}(\mathcal{H})$ を考えるのが自然である．ここで，$\boldsymbol{P}(\mathcal{H})$ は，$\boldsymbol{S}(\mathcal{H})$ 上の同値関係

$$\psi_1 \sim \psi_2 \iff |z|=1 \text{ を満たす } z\in\mathbb{C} \text{ により，} \psi_2 = z\psi_1$$

による同値類の集合(商集合)である**．$\psi_1\sim\psi_2$ は，「$\psi_2=e^{\sqrt{-1}\theta}\psi_1$ となる $\theta\in\mathbb{R}$ が存在する」ことと言ってもよい．θ を 2 つの状態 ψ_1,ψ_2 の**位相差**といい，ψ_1,ψ_2 は位相を除いて同じ状態を表わすという．$\boldsymbol{P}(\mathcal{H})$ は，像

---

* スペクトル分解は対称行列の対角化の一般化である．$\{\boldsymbol{E}(\lambda)\}_{-\infty<\lambda<\infty}$ は A から一意に定まる射影作用素の増大列(**スペクトル族**)であり，$\boldsymbol{E}(-\infty)=O$, $\boldsymbol{E}(\infty)=I$ (I は $\mathcal{H}$ の恒等写像)，$\lim\limits_{\mu\downarrow\lambda}\boldsymbol{E}(\mu)\boldsymbol{x}=\boldsymbol{E}(\lambda)\boldsymbol{x}$ ($\boldsymbol{x}\in\mathcal{H}$) を満たすものである．ここで，一般に(直交)射影作用素は，有界作用素 $P:\mathcal{H}\longrightarrow\mathcal{H}$ で $P^2=P=P^*$ を満たすものである．射影作用素 P_1, P_2 について，$A=P_2-P_1$ が $(A\boldsymbol{x},\boldsymbol{x})\geq 0$ ($\boldsymbol{x}\in\mathcal{H}$) を満たすとき，$P_1\leq P_2$ と表わす．重要なことは，スペクトル分解を用いて，広いクラスに属する実変数関数 f に A を代入する操作が $f(A)=\int_{-\infty}^{\infty}f(\lambda)\mathrm{d}\boldsymbol{E}(\lambda)$ と置くことにより可能になることである．

** 一般に，同値関係の与えられた集合 X において，各同値類を元とする集合を**商集合**という．群 G の作用は，$x\sim y \iff x=gy$ ($\exists g\in G$) により同値関係を定める．この場合の商集合は，**軌道空間**とよばれることがある．

―― 量子力学における確率解釈 ――

　量子力学が古典力学と大きく異なる点は，「測定」という人為的操作が量子力学の設定に入り込むことと，与えられた状態における物理量の測定値は確率的にしか定まらないことである．さらに興味深いことは，測定を行わなければ，状態は運動方程式(シュレーディンガー方程式)に従って時間発展するが，測定を行った途端，運動方程式とはまったく異なる機構により別の状態に移行するという事実である．

　古典力学でも，物理量の値を知るためには測定を行う必要がある．しかし，この操作は(少なくとも理想的状況を考える限り)力学系に影響を及ぼさない．また，測定に誤差はあったとしても，それは測定の精度と偶然誤差によるものであって，本質的には力学系の構造に係わることではない．他方，ミクロの世界では，「力学系に影響を与えることなく測定を行うことは不可能」であり，測定の精度や偶然誤差とはまったく独立に，測定値のゆらぎは量子力学系の構造そのものに由来するのである．

　しかし，量子力学の建設途上では，アインシュタインの有名な言明である「神はサイコロを振らない」に見られるように，量子力学の確率解釈に異議を唱える物理学者も多かった．この異議に関連して，「隠れた変数」による解釈の可能性を探る試みがある．これは，本講座「物の理・数の理 4」の囲み記事「ラプラスの魔」でも述べたように，われわれの知識の不完全さから生じる「不確かさ」が量子力学の確率解釈を生むと考えるのである．そして，実際には状態の完全な表現が可能であり，ただその表現に必要な「変数」が明示的には見えないと考える．しかし，ここで述べた量子力学の設定が正しいとしたら(実際，この設定を脅かすような事態は今のところ生じてはいない)，隠れた変数を探すことは無駄な試みと言える([3]参照).

が 1 次元であるような直交射影作用素全体のなす集合と同一視されることに注意．1.4 節で述べるように，シュレーディンガー方程式(1.5)は，形式的には $P(\mathcal{H})$ 上のハミルトン方程式として表現される．

　(**設定 6**) 物理量 A を状態 ψ において測定したとき，その測定値

が $[a,b)$ に見出されるならば,測定直後には,状態は $\boldsymbol{E}(b)-\boldsymbol{E}(a)$ の像に属する状態に遷移する.とくに,λ が A のスペクトラムの中で孤立した単純固有値であり*,その単位固有ベクトルを ψ_0 とするとき,A の ψ における測定値が λ であれば,ψ の測定後の状態は ψ_0 になる**.

(設定 7) 2 つの量子力学系 $(\widehat{H}_{1,\hbar}, \mathcal{H}_1), (\widehat{H}_{2,\hbar}, \mathcal{H}_2)$ に対して,それらの**独立結合系**は

$$(\widehat{H}_{1,\hbar} \otimes I_{\mathcal{H}_2} + I_{\mathcal{H}_1} \otimes \widehat{H}_{2,\hbar}, \mathcal{H}_1 \otimes \mathcal{H}_2)$$

である.ここで,$I_{\mathcal{H}_i}$ は $\mathcal{H}_i$ の恒等変換を表わし,ヒルベルト空間のテンソル積 $\mathcal{H}_1 \otimes \mathcal{H}_2$ は,代数的な意味でのテンソル積を完備化して得られるヒルベルト空間を表わす***.同様に,2 つ以上の個数の量子力学系の独立結合系を定義することができる.

■1.3 不確定性原理

固定された状態 ψ において物理量 A を測定したとき,その「取り得る」測定値の集合は確率測度 $P_{A,\psi}$ の台 $\mathrm{supp}\, P_{A,\psi}$ と考えられる.これは,集合

$$\{\lambda \in \mathbb{R}; 任意の\, \epsilon > 0 に対して \langle \boldsymbol{E}(\lambda-\epsilon)\psi, \psi \rangle < \langle \boldsymbol{E}(\lambda+\epsilon)\psi, \psi \rangle\}$$

の閉包と一致する.よって,すべての状態を考えたとき,物理

---

* 重複度 1 の固有値は "単純" とよばれる.
** 正確には,位相差を除いて ψ_0 と一致する単位ベクトルになる.
*** 一般に,A_i を $\mathcal{H}_i$ の作用素とするとき,$\mathcal{H}_1 \otimes \mathcal{H}_2$ の作用素 $A_1 \otimes A_2$ は,$(A_1 \otimes A_2)(\phi_1 \otimes \phi_2) = A_1\phi_1 \otimes A_2\phi_2$ により特徴付けられる.なお,測度空間 $(M_1, \mu_1), (M_2, \mu_2)$ に対して,$L^2(M_1, \mu_1) \otimes L^2(M_2, \mu_2) = L^2(M_1 \times M_2, \mu_1 \times \mu_2)$ が成り立つ.

1.3 不確定性原理

量 A が「取り得る」測定値全体は

$$\overline{\bigcup_{\psi \in \mathbf{S}(\mathcal{H})} \operatorname{supp} P_{A,\psi}} = \{\lambda \in \mathbb{R}; \text{ 任意の } \epsilon > 0 \text{ に対して}$$
$$\boldsymbol{E}(\lambda-\epsilon) < \boldsymbol{E}(\lambda+\epsilon)\}$$

となる*. この右辺は，A のスペクトラムと一致し，$\sigma(A)$ により表わされる**.

とくに，ハミルトニアン $\widehat{H}_\hbar$ を物理量と考えたとき，そのスペクトラムは量子力学系が「取り得る」エネルギーの値全体である．古典力学系では，エネルギーはハミルトン関数の値域であるから連続的であるが，量子力学系ではエネルギーが「飛び飛び」に現れることもある．

期待値 $\mathcal{E}_\psi(A)$ の「精度」を測る量として「分散」を定義しよう．$\Delta_\psi A = A - \mathcal{E}_\psi(A) I$ と置き，

$$\mathcal{V}_\psi(A) = \mathcal{E}_\psi\big((\Delta_\psi A)^2\big)$$

を物理量 A の状態 ψ における**分散**とよぶ．簡単な計算により，

$$\mathcal{V}_\psi(A) = \mathcal{E}_\psi(A^2) - \mathcal{E}_\psi(A)^2$$

となることがわかる．さらに，確率変数 $X(\lambda) = \lambda$ の確率測度 $P_{A,\psi}$ に関する分散 $V(X) = E(X^2) - E(X)^2$ について $E(X^2) = \int_{-\infty}^{\infty} \lambda^2 \mathrm{d}\langle \boldsymbol{E}(\lambda)\psi, \psi\rangle = \langle A^2 \psi, \psi\rangle$ に注意すれば，$\mathcal{V}_\psi(A) = V(X)$ が

---

* もちろん測定値がこの集合に入らないことはありうるが，その確率は 0 ということである．

** スペクトラムに属する数は固有値の一般化である．$\lambda \notin \sigma(A)$ となるのは，$A - \lambda I$ が単射であり，像 $\operatorname{Image}(A - \lambda I)$ が稠密，かつ $(A - \lambda I)^{-1}$ が有界作用素に拡張されることが必要十分条件である．標準的言い方ではないが，スペクトラムに属する数をスペクトルとよぶことにする．

成り立つことがわかる．すなわち，$\mathcal{V}_\psi(A)$ は確率変数 X の分散に一致する．

例題 1.1 つぎの性質は互いに同値であることを示せ．
(i) $\mathcal{V}_\psi(A)=0$
(ii) 物理量 A を状態 ψ で測定したとき，測定値 $\mathcal{E}_\psi(A)$ を得る確率は 1 である．
(iii) $A\psi=\mathcal{E}_\psi(A)\psi$
(iv) $P_{A,\psi}$ は $\{\mathcal{E}_\psi(A)\}$ に台をもつディラック測度である．

【解】 (i),(ii),(iv)の同値性は，確率変数 X の言葉に置き直せばただちに示される*．(i)と(iii)が同値であることは，

$$\mathcal{E}_\hbar((\Delta_\psi A)^2) = \langle (\Delta_\psi A)\psi, (\Delta_\psi A)\psi \rangle$$

に注意すればよい． □

$A\psi=\lambda_0\psi$ であれば，$\lambda_0=\mathcal{E}_\psi(A)$ である．上の例題により，これは「状態 ψ における物理量 A の測定値は，確率 1 で λ_0 に等しい」ということと同値である．このとき，ψ を固有値 λ_0 に対する**固有状態**という．

ハミルトニアン $\widehat{H}_\hbar$ に対する固有状態 ψ は，その時間発展が

$$\psi(t) = \exp\left(\frac{E}{\sqrt{-1}\hbar}t\right)\psi \qquad (1.6)$$

により与えられることで特徴付けられる．ここで $\widehat{H}_\hbar\psi=E\psi$ である．(1.6)は，振動数

$$\nu = \frac{1}{2\pi}\frac{E}{\hbar} = \frac{E}{h} \qquad (h=2\pi\hbar)$$

をもつ固有振動と考えられる．そして，固有振動数 ν と固有状

---

* 本講座「物の理・数の理 4」3.1 節，演習問題 3.2 参照．

態 ψ において測定されるエネルギー E の間の関係(広義の**アインシュタインの関係式**＊) $E=h\nu$ が得られる.

例題 1.2 ハミルトニアン $\widehat{H}_\hbar$ による運動方程式に対して,状態 ψ_0 の時間発展 $\psi(t)$ が位相を除いて常に ψ_0 と一致するとき,ψ_0 を**安定状態**という.安定状態は,$\widehat{H}_\hbar$ に対する固有状態であり,$\psi(t)$ は固有振動であることを示せ.

【**解**】 $\psi(t)=z(t)\psi_0$,$|z(t)|=1$ と表わすと,$\sqrt{-1}\hbar z'(t)\psi_0=z(t)\widehat{H}_\hbar\psi_0$ であるから,$\sqrt{-1}\hbar z'(t)/z(t)$ は t によらない.この値を λ と置けば,$\sqrt{-1}\hbar z'(t)=\lambda z(t)$,$\widehat{H}_\hbar\psi_0=\lambda\psi_0$ を得る. □

古典力学では,2つ(以上の)の物理量を同時にしかも正確に測定することが(少なくとも原理的には)可能である.しかし,量子力学では一般にはそれは不可能である.この事実の背景にあるのが,2つの物理量 A, B に対して成り立つ不等式

$$\mathcal{V}_\psi(A)\mathcal{V}_\psi(B) \geq \frac{\hbar^2}{4}|\mathcal{E}_\psi((A,B))|^2 \tag{1.7}$$

である.ただし,$(A,B)=\dfrac{1}{\sqrt{-1}\hbar}(AB-BA)$ とする＊＊.

(1.7)の証明を与えよう.$\boldsymbol{a}=(\Delta_\psi A)\psi$,$\boldsymbol{b}=(\Delta_\psi B)\psi$ と置く.シュワルツの不等式 $|\langle \boldsymbol{a},\boldsymbol{b}\rangle|^2\leq\|\boldsymbol{a}\|^2\|\boldsymbol{b}\|^2$ を使えば

$$\begin{aligned}|\langle(\Delta_\psi B)(\Delta_\psi A)\psi,\psi\rangle|^2 &= |\langle(\Delta_\psi A)\psi,(\Delta_\psi B)\psi\rangle|^2 \\ &\leq \|(\Delta_\psi A)\psi\|^2\|(\Delta_\psi B)\psi\|^2 = \langle(\Delta_\psi A)^2\psi,\psi\rangle\langle(\Delta_\psi B)^2\psi,\psi\rangle \\ &= \mathcal{V}_\psi(A)\mathcal{V}_\psi(B)\end{aligned}$$

＊ アインシュタインの関係式は,光電効果を「光の粒子性」により説明するためにアインシュタインにより提唱された仮説である.すなわち,振動数 ν をもつ光は,エネルギー $h\nu$ をもつ粒子(光子)と考え,金属に光が吸収されたとき,これを運動エネルギーとする光電子が飛び出すと考えるのである.なお,運動エネルギーと振動数の関係が一般の物体にも適用されると考え,粒子性と波動性の共存を提唱することにより量子力学誕生の契機をつくったのが,ド・ブロイである.

＊＊ 暗に物理量の系は,演算 $(\cdot,\cdot)$ により閉じていることが仮定されている.

---「粒子説」と「波動説」---

「光は粒子なのか波なのか」という問題は，物理学の歴史上，大きな論争の的であった．ニュートンは粒子説を唱え，ホイヘンスは波動説を主張した．ヤングは干渉の実験を行うことによって波動説の大きな証拠を見出した(1802年)．さらにマクスウェルにより光が電磁波であることが発見されるに至って，波動説の優勢は動かしがたい状況になったのである．しかし，1888年に発見された光電効果が示すように，光が粒子的性格をもつことも認めざるをえない．量子力学は，この相反するように見える現象を矛盾なく説明する理論である．簡単に言えば，「測定しない場合には光は波のように振る舞うが，測定を行うときには粒子として振る舞う」ということである．ただし，ここで言う「波」は古典的な意味の波ではなく，「確率波」とよぶべきものであり，光を電子に置き換えても同様のことが成り立つ．

を得る．そこで

$$(\Delta_\psi B)(\Delta_\psi A) = \frac{1}{2}[\Delta_\psi B, \Delta_\psi A] + \frac{1}{2}\{(\Delta_\psi B)(\Delta_\psi A) + (\Delta_\psi A)(\Delta_\psi B)\}$$

のように表わすと，$\langle[\Delta_\psi B, \Delta_\psi A]\psi, \psi\rangle$ は純虚数であり，$\langle\{(\Delta_\psi B)(\Delta_\psi A) + (\Delta_\psi A)(\Delta_\psi B)\}\psi, \psi\rangle$ は実数であることに注意する．$[\Delta_\psi B, \Delta_\psi A] = [B, A]$ であることと，不等式 $|a + b\sqrt{-1}|^2 \geq b^2$ を使えば，

$$|\langle(\Delta_\psi B)(\Delta_\psi A)\psi, \psi\rangle|^2 \geq \frac{1}{4}|\langle[B, A]\psi, \psi\rangle|^2 = \frac{\hbar^2}{4}|\mathcal{E}_\psi((A, B))|^2$$

が得られ，(1.7)が導かれる．

とくに，$(A, B) = aI, a \neq 0$ の場合，$\mathcal{V}_\psi(A)\mathcal{V}_\psi(B) \geq \frac{\hbar^2}{4}a^2$ となり，これは物理量 A, B の測定値の「精度」を同時によくすることができないことを意味している．この事実を，ハイゼンベルクの**不確定性原理**という．

課題 1.1 $\mathcal{H}$ の自己共役作用素 A に対して,測度空間 (S, μ) と S 上の可測関数 f,およびユニタリ写像(線形同型写像で内積を保つもの)$\mathcal{F}: \mathcal{H} \longrightarrow L^2(S, \mu)$ で,$\mathcal{F}A\mathcal{F}^{-1}=M_f$ となるものが存在することを示せ.ここで,M_f は $M_f g = fg$ により定義される「掛け算作用素」である.$\mathcal{F}$ は**一般化されたフーリエ変換**とよばれる*.

■1.4 古典力学との類似性

量子力学の設定が,古典力学(ハミルトン力学)の設定に(少なくとも形式上は)類似点をもつことは,誰もが認めることだろう.この類似性をもう少しくわしく見よう.

………ハイゼンベルクの方程式

ハミルトニアン $\widehat{H}_\hbar$ がエルミート作用素である場合には,作用素変数をもつ指数関数を使って $T_t = \exp\left(\dfrac{t}{\sqrt{-1}\hbar}\widehat{H}_\hbar\right)$ と表わされる.$\langle AT_t\psi_0, T_t\psi_0\rangle = \langle T_{-t}AT(t)\psi_0, \psi_0\rangle$ に注意して,物理量 A の時間発展を $A(t)=T_{-t}AT_t$ により定義すれば,

$$\frac{\mathrm{d}A(t)}{\mathrm{d}t} = \frac{1}{\sqrt{-1}\hbar}\left(A(t)\widehat{H}_\hbar - \widehat{H}_\hbar A(t)\right)$$

が成り立つから,交換子積 $[A, B]=AB-BA$ を使って表わせば

$$\sqrt{-1}\hbar\frac{\mathrm{d}A(t)}{\mathrm{d}t} = [A(t), \widehat{H}_\hbar] \tag{1.8}$$

を得る.$\widehat{H}_\hbar$ が自己共役作用素の場合にも物理量の時間発展に対する方程式(1.8)が成り立ち,これを**ハイゼンベルクの方程式**と

---

* $\mathcal{H}=L^2(\mathbb{R}^n)$ のとき,通常のフーリエ変換 $\mathcal{F}: L^2(\mathbb{R}^n) \longrightarrow L^2(\mathbb{R}^n)$ はラプラシアン $\Delta_{\mathbb{R}^n}$ を関数 $f(\boldsymbol{\xi})=-\|\boldsymbol{\xi}\|^2$ による掛け算作用素に写すユニタリ写像である.

いう．$(A,B)=\dfrac{1}{\sqrt{-1}\hbar}[A,B]$ と置けば

$$\frac{\mathrm{d}A}{\mathrm{d}t} = (A, \widehat{H}_\hbar) \tag{1.9}$$

が得られる．(1.9)と(1.4)式の間の類似性は著しい．

例題 1.3 状態の時間発展 $\psi(t)$ に対して，直交射影作用素 $P(t)$ を $P(t)\phi = \langle \phi, \psi(t)\rangle \psi(t)$ により定義するとき，

$$\sqrt{-1}\hbar \frac{\mathrm{d}P}{\mathrm{d}t} = [\widehat{H}_\hbar, P] \tag{1.10}$$

が成り立つことを示せ．

【解】 $P(t)=T_t P(0) T_{-t}$ を使えば，証明は上と同様． □

演習問題 1.1 状態 ψ と，ハミルトニアン $\widehat{H}_\hbar$ の下での物理量 A の時間発展 $A(t)$ に対して

$$\frac{\mathrm{d}}{\mathrm{d}t}\langle A(t)\rangle_\psi = \langle (A(t), \widehat{H}_\hbar)\rangle_\psi$$

が成り立つことを示せ．

演習問題 1.2 物理量 A が $\widehat{H}_\hbar$ と可換なとき，$P_{A,T_t\psi} = P_{A,\psi}$ であることを示せ．とくに，$\mathcal{E}_{T_t\psi}(A) = \mathcal{E}_\psi(A)$ が成り立つ．このような A を $\widehat{H}_\hbar$ に対する**不変量**という（これは，古典的なハミルトン力学系における不変量に対応している）．

〔ヒント〕 A のスペクトル分解に現れる射影作用素 $\boldsymbol{E}(\lambda)$ が $\widehat{H}_\hbar$ と可換なことを使う．

作用素の定義域を無視すれば，量子力学系を形式的には無限次元ハミルトン力学系として捉えることが可能である．その背景にあるのが，本講座「物の理・数の理 4」1.4 節の課題 1.4 で述べた射影空間に関する事柄である．そこでは，有限次元計量線形空間を考えたが，それを（無限次元）ヒルベルト空間 $\mathcal{H}$ に置

き換えて考える．さらに，像が 1 次元の $\mathcal{H}$ の直交射影作用素の全体(無限次元射影空間)を $\boldsymbol{P}(\mathcal{H})$ と置き，その上の「シンプレクティック形式」ω を $\omega(A,B)=\sqrt{-1}\,\mathrm{tr}\bigl(P[A,B]\bigr)$ により定義する．ここで，「接空間」$T_P\boldsymbol{P}(\mathcal{H})$ を(有限次元の場合の類推から)，$\mathcal{H}$ の自己共役作用素 A で $AP+PA=A$ を満たすもの全体と同一視している．「シンプレクティック多様体」$(\boldsymbol{P}(\mathcal{H}),\omega)$ 上の「ハミルトン関数」H を $H(P)=\dfrac{1}{\hbar}\mathrm{tr}(P\widehat{H}_\hbar P)$ により定義すると，その「ハミルトン・ベクトル場」$\mathrm{Grad}\,H$ は

$$(\mathrm{Grad}\,H)(P) = \left[\frac{1}{\sqrt{-1}\hbar}\widehat{H}_\hbar, P\right]$$

により与えられる．よって，「ハミルトン方程式」$\dfrac{dP}{dt}=\mathrm{Grad}\,H$ は方程式(1.10)と同値である．P を状態 ψ に対応する射影作用素とすると(すなわち $P(\varphi)=\langle\varphi,\psi\rangle\psi$ とすると)，$H(P)=\dfrac{1}{\hbar}\langle\widehat{H}_\hbar\psi,\psi\rangle$ であることに注意．

有限次元の場合，上記の力学系は完全積分可能系であった．このことから，(その意味は曖昧だが)量子力学系も「完全積分可能系」と考えることができる．しかし，次元が無限大であることから，有限次元の場合の類推をそのまま適用することは危険である．実際，「完全積分可能」とはまったく隔たる「エルゴード的」な量子力学系も存在するのである(このエルゴード性の意味も古典的なエルゴード性とは異なるが)．

############ 対称性に伴う物理量とユニタリ表現

本講座「物の理・数の理 4」の 1.4 節において，リー群のシンプレクティック多様体への正準変換作用(シンプレクティック形式を保つ微分同相写像による作用)を，状態空間の「対称性」と捉えた．この作用は，(然るべき条件の下で)物理量の系を誘導し，ハミルトン関数が作用の下で不変であれば，これらの物理

量は不変量になった．この事実はネーターの定理とよばれ，運動量保存則と角運動量保存則の一般化である．

量子力学系の対称性について考えよう．$U(\mathcal{H})$ により，ヒルベルト空間 $\mathcal{H}$ のユニタリ変換群を表わす：

$$U(\mathcal{H}) = \{U : \mathcal{H} \longrightarrow \mathcal{H};\ U \text{ は有界作用素で,}$$
$$UU^* = U^*U = I \text{ を満たす}\}$$

量子力学的対称性は，リー群 G から $U(\mathcal{H})$ への連続準同型写像 ρ により与えられると考える*．一般に，このような準同型 $\rho : G \longrightarrow U(\mathcal{H})$ を G の**ユニタリ表現**といい，$(\rho, \mathcal{H})$（あるいは単に ρ）と表わす．$\mathcal{H}$ を ρ の**表現空間**という．ρ を通して G は状態空間 $\boldsymbol{S}(\mathcal{H})$ に自然に作用する．

任意の $g \in G$ に対して，$\rho(g)$ が $\mathcal{H}$ の恒等写像であるような表現は，**自明な表現**とよばれ，$(\boldsymbol{1}_\mathcal{H}, \mathcal{H})$ により表わされる．また，G の 2 つのユニタリ表現 $(\rho_1, \mathcal{H}_1), (\rho_2, \mathcal{H}_2)$ に対して，ヒルベルト空間の直和 $\mathcal{H}_1 \oplus \mathcal{H}_2$ への G の作用を $\rho(g)(\boldsymbol{x}_1 + \boldsymbol{x}_2) = \rho_1(g)\boldsymbol{x}_1 + \rho_2(g)\boldsymbol{x}_2$ $(\boldsymbol{x}_i \in \mathcal{H}_i)$ により定義することによりユニタリ表現 $(\rho, \mathcal{H}_1 \oplus \mathcal{H}_2)$ が得られるが，これを $(\rho_1, \mathcal{H}_1), (\rho_2, \mathcal{H}_2)$ の**直和**といい，$(\rho_1 \oplus \rho_2, \mathcal{H}_1 \oplus \mathcal{H}_2)$ により表わす．同様に 2 個以上（可算無限個も許す）の表現の直和も定義される．ユニタリ表現 $(\rho, \mathcal{H})$ と $\mathcal{H}$ の閉部分空間 $\mathcal{H}_1$ について，$\rho(G)\mathcal{H}_1 \subset \mathcal{H}_1$ であるとき，G の表現 $(\rho_1, \mathcal{H}_1)$ が自然に定義される．$(\rho_1, \mathcal{H}_1)$ を $(\rho, \mathcal{H})$ の**部分表現**という．$\mathcal{H}_2 = \mathcal{H}_1^\perp$（$\mathcal{H}_1$ の直交補空間）とすると，$\rho(G)\mathcal{H}_2 \subset \mathcal{H}_2$ であり，部分表現 $(\rho_2, \mathcal{H}_2)$ が得られるが，$\rho = \rho_1 \oplus \rho_2$ であることは定義から容易にわかる．

テンソル積 $\mathcal{H}_1 \otimes \mathcal{H}_2$ についても，$\rho(g)(\boldsymbol{x}_1 \otimes \boldsymbol{x}_2) = \rho_1(g)\boldsymbol{x}_1 \otimes \rho_2(g)\boldsymbol{x}_2$ $(\boldsymbol{x}_i \in \mathcal{H}_i)$ により定義されるユニタリ表現 $(\rho, \mathcal{H}_1 \otimes \mathcal{H}_2)$ が得られるが，こ

---

* ρ の連続性は，任意の $\psi \in \mathcal{H}$ に対して $g \mapsto \rho(g)\psi$ により与えられる写像 $G \longrightarrow \mathcal{H}$ が連続であることを意味する．量子力学系の対称性としては，もっと一般に射影ユニタリ変換群への連続準同型写像を考えるのが自然であるが，ここでは扱わない．

1.4 古典力学との類似性

れを $(\rho_1, \mathcal{H}_1), (\rho_2, \mathcal{H}_2)$ のテンソル積といい，$(\rho_1 \otimes \rho_2, \mathcal{H}_1 \otimes \mathcal{H}_2)$ により表わす.

G の2つのユニタリ表現 $(\rho_1, \mathcal{H}_1), (\rho_2, \mathcal{H}_2)$ は，もし $\rho_2(g) = U\rho_1(g)U^{-1}$ ($g \in G$) を満たすユニタリ同型写像 $U : \mathcal{H}_1 \longrightarrow \mathcal{H}_2$ が存在するとき，**ユニタリ同値**であるといわれる．以下，ρ_1 と ρ_2 がユニタリ同値なときは，それらを同一視して $\rho_1 = \rho_2$ と記す.

G のユニタリ表現 $(\rho, \mathcal{H})$ について，$\rho(G)V \subset V$ を満たす $\mathcal{H}$ の閉部分空間 V が自明なもの($\{0\}$ か $\mathcal{H}$)しかないとき，$(\rho, \mathcal{H})$ は**既約ユニタリ表現**とよばれる．既約ユニタリ表現のユニタリ同値類全体のなす集合を $\widehat{G}$ により表わし，G の**ユニタリ双対**という．

G のユニタリ表現 $(\rho, \mathcal{H})$ が与えられたとき，G のリー環 $\mathfrak{g}$ の**微分表現**がつぎのように定義される．$X \in \mathfrak{g}$ に対して，X にはよらない稠密部分空間 $D \subset \mathcal{H}$ が存在して，$\psi \in D$ に対して極限

$$d\rho(X)\psi = \lim_{t \to 0} \frac{1}{t}\left(\rho(\exp tX)\psi - \psi\right)$$

が存在する．実際，$\sqrt{-1}d\rho(X)$ は自己共役作用素である(ストーンの定理)．$d\rho$ を ρ に対する微分表現という．$d\rho([X,Y]) = [d\rho(X), d\rho(Y)]$ であることが確かめられる．

$$\widehat{X}_\hbar = \frac{\hbar}{\sqrt{-1}}d\rho(X)$$

と置こう．自己共役作用素 $\widehat{X}_\hbar$ を X に付随する**物理量**という．

演習問題 1.3 $g \in G, X \in \mathfrak{g}$ に対して，$d\rho(\mathrm{Ad}_g(X)) = \rho(g)d\rho(X)\rho(g)^{-1}$ が成り立つことを示せ．

〔ヒント〕 $\rho(g(\exp tX)g^{-1}) = \rho(g)\rho(\exp tX)\rho(g)^{-1}$ の両辺を微分する．

演習問題 1.4 $\rho: G \longrightarrow GL_n(\mathbb{C})$ を微分可能な準同型写像とするとき，ρ がユニタリ表現($\rho(G) \subset U(n)$)であるための条件は，微分 $d\rho: \mathfrak{g} \longrightarrow M_n(\mathbb{C})$ に関して，$d\rho(X)$ ($X \in \mathfrak{g}$) が歪エルミート行列であること，すなわち，$(d\rho(X))^* = -d\rho(X)$ が成り立つことである．これを示せ．

ハミルトニアン $\widehat{H}_\hbar$ が G の作用と可換なとき(すなわち，$\rho(g)\widehat{H}_\hbar = \widehat{H}_\hbar \rho(g)$ がすべての $g \in G$ に対して成り立つとき)，$\widehat{X}_\hbar \widehat{H}_\hbar = \widehat{H}_\hbar \widehat{X}_\hbar$ がすべての $X \in \mathfrak{g}$ に対して成り立つ．よって，$\widehat{X}_\hbar$ は不変量である．これは自明な事実であるが，「力学系の対称性が不変量を生じる」というネーターの定理の量子版といえる．さらに，$\boldsymbol{E}(\lambda)$ を $\widehat{H}_\hbar$ のスペクトル分解に現れる射影作用素とするとき，$\rho(g)\boldsymbol{E}(\lambda) = \boldsymbol{E}(\lambda)\rho(g)$ が成り立つから，射影作用素 $\boldsymbol{E}(\lambda) - \boldsymbol{E}(\mu)$ ($\lambda > \mu$) の像は G の作用で不変である．言い換えれば，$\rho(g)$ を Image $(\boldsymbol{E}(\lambda) - \boldsymbol{E}(\mu))$ に制限することにより，$(\rho, \mathcal{H})$ の部分表現が得られる．とくに $\widehat{H}_\hbar$ が固有値 λ をもち，その固有空間を $V(\lambda)$ とするとき，部分表現 $(\rho, V(\lambda))$ が得られる．このようなことから，量子力学系の対称性については，表現の既約性の概念が重要である．

例題 1.4 $(\rho, \mathcal{H})$ の部分表現 (ρ, V) に関して，$\widehat{H}_\hbar(V) \subset V$ が成り立つとする．もし (ρ, V) が既約であれば，$\widehat{H}_\hbar|V = cI_V$ となる実数 c が存在することを示せ*．

【解】 $\widehat{H}_\hbar|V$ をスペクトル分解したとき，Image $(\boldsymbol{E}(\lambda) - \boldsymbol{E}(\mu))$ は $\{\boldsymbol{0}\}$ か V のいずれかであることを使えばよい． □

---

* シュアの補題とよばれる．

> **演習問題 1.5** リー環の準同型(リー環の表現) $f : \mathfrak{g} \longrightarrow M_n(\mathbb{C})$ について, $f(\mathfrak{g})V \subset V$ となる $\mathbb{C}^n$ の部分空間が $\{\mathbf{0}\}$ または $\mathbb{C}^n$ しかないとき, f は既約であるという. G を連結リー群とするとき, G のユニタリ表現 $(\rho, \mathbb{C}^n)$ が既約であるための必要十分条件は, その微分表現 $d\rho$ が既約であることを示せ.

G がコンパクト群の場合, G の任意の既約ユニタリ表現 $(\rho, \mathcal{H})$ は $\dim \mathcal{H} < \infty$ という意味で有限次元であり, ユニタリ双対 $\widehat{G}$ は可算集合となる. また, 任意のユニタリ表現は既約ユニタリ表現の「直和」に分解される. もっとくわしく言えば, 各 $(\chi, \mathcal{H}_\chi) \in \widehat{G}$ に対してヒルベルト空間 V_χ が存在し

$$(\rho, \mathcal{H}) = \sum_{\chi \in \widehat{G}} \oplus (\mathbf{1}_{V_\chi} \otimes \chi, V_\chi \otimes \mathcal{H}_\chi)$$

と表わされる.

G が非コンパクトな場合は, ユニタリ双対 $\widehat{G}$ の構造は一般に極めて複雑である. さらに, ユニタリ表現の既約分解は存在するものの(ただし, 直和の代わりに, その連続類似である直積分による分解の概念を使う;以下の説明参照), 分解が一意的でないことがある. 例外は, 半単純リー群とよばれるクラス, あるいはそれを含む I 型とよばれる群のクラスである.

直積分分解について簡単に説明しておこう. (M, μ) を測度空間とし, 各 $x \in M$ に対してヒルベルト空間 $\mathcal{H}_x$ が割り当てられているとする. $f(x) \in \mathcal{H}_x$ となる M 上の関数 f で, つぎの性質を満たすもの全体を $\boldsymbol{K}$ により表わす.
(1) $\|f(x)\|$ は可測.
(2) $g(x) \in \mathcal{H}_x$ となる関数 g について, 任意の $f \in \boldsymbol{K}$ に対して $x \mapsto \langle f(x), g(x) \rangle$ が可測であれば, $g \in \boldsymbol{K}$.
(3) 各 $x \in M$ に対して $\{f_1(x), f_2(x), \cdots\}$ が $\mathcal{H}_x$ において稠密になるよう

な K の可算集合 $\{f_1, f_2, \cdots\}$ が存在する．

このような K は線形空間になる．K を固定し，$f \in K$ で

$$\int_M \|f(x)\|^2 \, d\mu(x) < \infty$$

となるもの全体を $\mathcal{H}$ により表わす．$\mathcal{H}$ における内積を

$$\langle f_1, f_2 \rangle = \int_M \langle f_1(x), f_2(x) \rangle \, d\mu(x)$$

により定義すれば，$\mathcal{H}$ はヒルベルト空間になる．$\mathcal{H}$ を $\{\mathcal{H}_x\}$ の **直積分** といい，

$$\mathcal{H} = \int_M^{\oplus} \mathcal{H}_x \, d\mu(x)$$

と表わす．

つぎに，各 x に対して $A(x)$ が $\mathcal{H}_x$ の有界線形作用素であり，任意の $f \in K$ に対して $A(x)f(x) \in K$ であるような関数 $x \mapsto A(x)$ を考える．さらに，作用素ノルム $\|A(x)\|$ が M 上有界であれば，$f \in \mathcal{H}$ に対して関数 $x \mapsto A(x)f(x)$ を対応させる写像は $\mathcal{H}$ の有界作用素になる．この作用素を改めて A と記して，$\{A(x)\}$ の直積分といい，

$$A = \int_M^{\oplus} A(x) \, d\mu(x)$$

あるいは

$$(A, \mathcal{H}) = \int_M^{\oplus} (A(x), \mathcal{H}_x) \, d\mu(x)$$

と表わす．

$(\rho, \mathcal{H})$ を G もユニタリ表現とする．測度空間 (M, μ) と，各 $x \in M$ に対して G のユニタリ表現 $(\rho_x, \mathcal{H}_x)$ が存在して

$$(\rho(g), \mathcal{H}) = \int_M^{\oplus} (\rho_x(g), \mathcal{H}_x) \, d\mu(x) \quad (g \in G)$$

と表わせるとき，$(\rho, \mathcal{H})$ はユニタリ表現の族 $\{(\rho_x, \mathcal{H}_x)\}$ の直積分であるという．

例1 後の目的のために，$\mathbb{R}^n$ の **格子群**(加法群 $\mathbb{R}^n$ の離散部分群で，$\mathbb{Z}^n$ と同型なもの) L を考える．L のユニタリ双対 $\widehat{L}$ は，L の1次元ユニタリ表現(ユニタリ指標)$\chi : L \longrightarrow U(1)$ からなる．ユニタリ指標 χ に対して，

$$\chi(\sigma) = \exp\left(2\pi\sqrt{-1}\boldsymbol{\xi}\cdot\sigma\right) \qquad (\sigma \in L) \tag{1.11}$$

となる $\boldsymbol{\xi}\in\mathbb{R}^n$ が存在し,しかもこのような $\boldsymbol{\xi}$ は L^* の元の差を除いて一意的に決まる.ここで L^* は L の双対格子

$$\{\alpha \in \mathbb{R}^n;\ \alpha\cdot\sigma \in \mathbb{Z}\ (\sigma \in L)\}$$

を表わす[*].よって,$\widehat{L}$ は商群 $\mathbb{R}^n/L^*$ と同一視される[**].$\mathbb{R}^n$ のルベーグ測度を正規化して,$\mathbb{R}^n/L^*$ の全測度が 1 となるようにしたものを $\mathrm{d}\chi$ と置く[***].

$$\int_{\widehat{L}} \chi(\sigma)\,\mathrm{d}\chi = \begin{cases} 1 & (\sigma = 1) \\ 0 & (\sigma \neq 1) \end{cases}$$

が成り立つことを見るのは容易である.

$\ell^2(L)=\{f:L\longrightarrow\mathbb{C};\ \sum_{\sigma\in L}|f(\sigma)|^2<\infty\}$ には自然にヒルベルト空間の構造が入る.

$$(\rho(\sigma)f)(\mu) = f(\mu+\sigma) \qquad (f\in\ell^2(L);\ \sigma,\mu\in L)$$

により定義される L のユニタリ表現 $(\rho,\ell^2(L))$ を既約分解しよう[****].

有限な台をもつ $f\in\ell^2(L)$ に対して,

$$\widehat{f}(\chi) = \sum_{\sigma\in L} \chi(\sigma)^{-1}f(\sigma)$$

と置くと,

$$\int_{\widehat{L}}|\widehat{f}(\chi)|^2\mathrm{d}\chi = \sum_{\sigma,\mu\in L} f(\sigma)\overline{f(\mu)}\int_{\widehat{L}}\chi(\mu-\sigma)\,\mathrm{d}\chi = \sum_{\widehat{L}}|f(\sigma)|^2$$

であるから,対応 $f\mapsto\widehat{f}$ はノルムを保つ線形写像:$\ell^2(L)\longrightarrow L^2(\widehat{L})$ に拡

---

[*] $2\pi L^*$ は逆格子とよばれる.
[**] $\mathbb{R}^n/L^*$ は,位相的には n 次元トーラスである.
[***] 一般に,リー群(あるいは一般の局所コンパクト位相群)G には,左移動により不変な測度が定数倍を除いて一意的に存在する.これをハール測度という.$\widehat{L}$ 上の測度 $\mathrm{d}\chi$ はハール測度である.
[****] 一般に,Γ を(可換とは限らない)離散群とするとき,$(\rho(\sigma)f)(\mu)=f(\mu\sigma)$ によりユニタリ表現 $(\rho,\ell^2(\Gamma))$ が定義されるが,これを(右)正則表現という.

張される．さらに，$\sigma_0 \in L$ を固定して

$$f(\sigma) = \begin{cases} 1 & (\sigma = \sigma_0) \\ 0 & (\sigma \neq \sigma_0) \end{cases}$$

により定義される関数 f を考えると，$\widehat{f}(\chi) = \chi(\sigma_0)^{-1} = \exp(-2\pi\sqrt{-1}\boldsymbol{\xi}\cdot\sigma_0)$ であり，$\widehat{L} = \mathbb{R}^n/L^*$ 上の関数族 $\{\exp(2\pi\sqrt{-1}\boldsymbol{\xi}\cdot\sigma); \sigma \in L\}$ は $L^2(\widehat{L})$ の稠密な部分空間を張る．よって，対応 $f \mapsto \widehat{f}$ はノルムを保つ線形同型写像 : $\ell^2(L) \longrightarrow L^2(\widehat{L})$ に拡張され，直積分の定義から

$$L^2(\widehat{L}) = \int_{\widehat{L}}^{\oplus} \mathbb{C} \, d\chi$$

と書ける．

$$\widehat{\rho(\sigma)f}(\chi) = \sum_{\mu \in L} \chi(\mu)^{-1} \big(\rho(\sigma)f\big)(\mu) = \sum_{\mu \in L} \chi(\mu)^{-1} f(\mu+\sigma)$$
$$= \sum_{\mu \in L} \chi(\sigma-\mu) f(\mu) = \chi(\sigma)\widehat{f}(\chi)$$

であるから，

$$\big(\rho, \ell^2(L)\big) = \int_{\widehat{L}}^{\oplus} (\chi, \mathbb{C}) \, d\chi$$

を得る．これが $\big(\rho, \ell^2(L)\big)$ の既約分解である．

例 2 ヒルベルト空間 $\mathcal{H}$ の N 個のテンソル積 $\otimes^N \mathcal{H}$ には N 次の対称群 $\mathcal{S}_N$ が $\sigma(\psi_1 \otimes \cdots \otimes \psi_N) = \psi_{\sigma(1)} \otimes \cdots \otimes \psi_{\sigma(N)}$ $(\sigma \in \mathcal{S}_N)$ により作用する．この作用は $\mathcal{S}_N$ のユニタリ表現である．その部分表現の表現空間として

$$\mathcal{H}^B = \{\psi \in \otimes^N \mathcal{H}; \; \sigma\psi = \psi \; (\sigma \in \mathcal{S}_N)\},$$
$$\mathcal{H}^F = \{\psi \in \otimes^N \mathcal{H}; \; \sigma\psi = \mathrm{sgn}(\sigma)\psi \; (\sigma \in \mathcal{S}_N)\}$$

を考える*．$\mathcal{H}$ を 1 粒子の状態を表わすヒルベルト空間とするとき，N 個の同種の粒子の状態を表わすヒルベルト空間が $\mathcal{H}^B$ であるものを**ボーズ粒子**といい，$\mathcal{H}^F$ であるものを**フェルミ粒子**という．直観的に言えば，双方の粒子とも同種の粒子が区別できず，ボーズ粒子は複数個が同じ状態を取ることのできる粒子であり，フェルミ粒子は同じ状態を取ることができな

---

* $\mathcal{H}^B$ は対称テンソル積であり，$\mathcal{H}^F$ は外積である．

い粒子である．

……………**量子統計**（マクスウェル-ボルツマン統計）

マクスウェル，ボルツマンらにより確立された統計力学の基本的考え方は，少なくとも分子（粒子）間の距離が大きい場合は，量子物理においても適用可能としてよい．古典統計力学では，巨視的状態（統計的状態）として相空間（シンプレクティック多様体）(S,ω)上の確率測度を採用した．S上に確率測度Pを与えると，物理量（S上の連続関数）のなす線形空間上の線形汎関数$f \in C^0(S) \mapsto \int_S f\,dP$が定義される．量子力学系での巨視的状態の類似は，物理量（$\mathcal{H}$の自己共役作用素）のなす線形空間上の線形汎関数と考えるのが自然である．このような線形汎関数として，$\mathrm{tr}\,\mathcal{P}=1$を満たす跡族*に属する非負エルミート作用素$\mathcal{P}:\mathcal{H}\longrightarrow\mathcal{H}$により

$$A \mapsto \mathrm{tr}(A\mathcal{P})$$

と表わされるものを考えよう**．この線形汎関数を，**統計行列**（**密度行列**）$\mathcal{P}$をもつ統計的状態という．古典統計の場合，微視的状態$x \in S$に対して，xに台をもつディラック測度を対応させることにより，微視的状態は統計的状態の特別な場合と考えられ

---

* 一般に，ヒルベルト空間$\mathcal{H}$の有界線形作用素Aが**跡族**に属すとは，$\sum_{n=1}^{\infty}\|Ae_n\|<\infty$となる正規直交基底$\{e_n\}_{n=1}^{\infty}$が存在することである．$A$が跡族に属せば，任意の正規直交基底$\{e_n\}$に対して$\sum_{n=1}^{\infty}\langle Ae_n,e_n\rangle$が絶対収束し，しかも正規直交基底の取り方にはよらない．これをAの**跡**（trace）といい，$\mathrm{tr}\,A$により表わす．

** 然るべき条件を満たす線形汎関数は，このような形をしていることが知られている．

る.この類似として,(微視的)状態 ψ に対して $\mathcal{P}(\phi)=\langle\phi,\psi\rangle\psi$ と置くことにより,$\operatorname{tr}(A\mathcal{P})=\langle A\psi,\psi\rangle$ となるから,量子力学の場合も微視的状態は統計的状態の特別な場合である.

統計行列 $\mathcal{P}$ はコンパクトなエルミート作用素であるから*,$p_1,p_2,\cdots$ を重複度を込めて並べた固有値とするとき,$\mathcal{P}(\psi_n)=p_n\psi_n$ を満たすように正規直交系 $\{\psi_n\}$ を選ぶことができる.このとき

$$\mathcal{P}(\varphi) = \sum_{n=1}^{\infty} p_n\langle\varphi,\psi_n\rangle\psi_n \quad (\varphi \in \mathcal{H})$$

が成り立つ.$p_n\geq 0$ であり,$\operatorname{tr}\mathcal{P}=1$ から,$\sum_{n=1}^{\infty}p_n=1$ が導かれる.$(p_1,p_2,\cdots)$ を統計作用素 $\mathcal{P}$ に付随する(確率)**分布**ということがある.

ハミルトニアン $\widehat{H}_\hbar$ について,$\widehat{H}_\hbar$ が生成する半群 $\{e^{-t\widehat{H}_\hbar}\}_{t\geq 0}$ が存在し,しかも $t>0$ のとき $e^{-t\widehat{H}_\hbar}$ が跡族に属すると仮定しよう.このとき,$\widehat{H}_\hbar$ のスペクトラム $\sigma(\widehat{H}_\hbar)$ は有限重複度をもつ離散固有値からなる.さらに $\widehat{H}_\hbar$ が下に有界(すなわち,$\langle\widehat{H}_\hbar\varphi,\varphi\rangle\geq c\langle\varphi,\varphi\rangle$ となるような定数 c が存在する)として,$E_1\leq E_2\leq\cdots$ を $\widehat{H}_\hbar$ の固有値列とする.

$$Z_{\widehat{H}_\hbar}(\theta) = \operatorname{tr} e^{-\theta\widehat{H}_\hbar} = \sum_{n=1}^{\infty} e^{-\theta E_n}$$

と置こう.このとき

$$\mathcal{P}_{\widehat{H}_\hbar,\theta} = \frac{1}{Z_{\widehat{H}_\hbar}(\theta)} e^{-\theta\widehat{H}_\hbar} \tag{1.12}$$

---

* 有界作用素 A は,$\mathcal{H}$ の任意の有界集合 K に対して $A(K)$ の閉包がコンパクトであるとき,コンパクト作用素とよばれる.跡族に属する作用素はコンパクト作用素である.コンパクトなエルミート作用素 A のスペクトラムは 0 を除けば有限重複度をもつ固有値からなる.

は統計作用素になる．T を絶対温度，k をボルツマン定数として，$\theta=1/kT$ とすれば，(1.12)が正準分布の類似であることは容易に見て取れるだろう(本講座「物の理・数の理4」3.4節)．よって，熱平衡にある統計的状態は，この $\mathcal{P}$ により与えられるとするのが自然である．$\mathcal{P}$ を，**マクスウェル–ボルツマン統計作用素**とよぶ．また，これに付随する分布 $\{Z_{\widehat{H}_\hbar}(\theta)^{-1}\mathrm{e}^{-\theta E_n}\}$ を**ギブス分布**(あるいは**正準分布**)という．$Z_{\widehat{H}_\hbar}(\theta)$ は**分配関数**(あるいは**状態和**)とよばれる．

古典統計力学との類推から，一般の統計作用素 $\mathcal{P}$ に関する**内部エネルギー**，**エントロピー***，**ヘルムホルツの自由エネルギー**をつぎのように定義する．

$$U(\widehat{H}_\hbar, \mathcal{P}) = \mathrm{tr}(\widehat{H}_\hbar \mathcal{P})$$
$$\mathcal{S}(\widehat{H}_\hbar, \mathcal{P}) = -k\,\mathrm{tr}(\mathcal{P}\log\mathcal{P})$$
$$F(\widehat{H}_\hbar, \mathcal{P}, T) = U(\widehat{H}_\hbar, \mathcal{P}) - T\mathcal{S}(\widehat{H}_\hbar, \mathcal{P})$$

とくに，熱平衡の状態にある場合，マクスウェル–ボルツマン統計作用素 $\mathcal{P}_{\widehat{H}_\hbar, \theta}$ に対する内部エネルギーは

$$U(\widehat{H}_\hbar, T) = \frac{1}{Z_{\widehat{H}_\hbar}(\theta)} \sum_{n=1}^{\infty} E_n \mathrm{e}^{-\theta E_n} = -\frac{\mathrm{d}}{\mathrm{d}\theta} \log Z_{\widehat{H}_\hbar}(\theta)$$

により与えられるとする．

2つの量子力学系 $(\widehat{H}_{1,\hbar}, \mathcal{H}_1)$, $(\widehat{H}_{2,\hbar}, \mathcal{H}_2)$ に，それぞれ統計作用素 $\mathcal{P}_1, \mathcal{P}_2$ が与えられたとき，それらの独立結合を $\mathcal{P}_1 \otimes \mathcal{P}_2$ により定義する．$\mathcal{P}_1 \otimes \mathcal{P}_2$ は $\mathcal{H}_1 \otimes \mathcal{H}_2$ 上の統計作用素である．$\widehat{H}_\hbar = \widehat{H}_{1,\hbar} \otimes I_{\mathcal{H}_2} + I_{\mathcal{H}_1} \otimes \widehat{H}_{2,\hbar}$ とするとき，明らかに $\mathcal{P}_{\widehat{H}_{1,\hbar}, \theta} \otimes \mathcal{P}_{\widehat{H}_{1,\hbar}, \theta} = \mathcal{P}_{\widehat{H}_\hbar, \theta}$ が成り立つ．

---

* $\mathcal{P}\log\mathcal{P}$ は，関数 $x\log x$ に $\mathcal{P}$ を代入したものである．

演習問題 1.6 $(\widehat{H}_{1,\hbar}, \mathcal{H}_1), (\widehat{H}_{2,\hbar}, \mathcal{H}_2)$ の独立結合系 $(\widehat{H}_\hbar, \mathcal{H})$ に対して，$\mathcal{P} = \mathcal{P}_1 \otimes \mathcal{P}_2$ とするとき

$$U(\widehat{H}_\hbar, \mathcal{P}) = U(\widehat{H}_{1,\hbar}, \mathcal{P}_1) + U(\widehat{H}_{2,\hbar}, \mathcal{P}_2)$$

が成り立つことを示せ．

課題 1.2 古典統計力学と同様，エントロピー最大の原理と自由エネルギー最小の原理が成り立つことを示せ．
〔ヒントと解説〕$\mathcal{P}$ が $\widehat{H}_\hbar$ と可換な場合は比較的容易である．実際，確率分布 $\{p_n\}$ に対して $U = \sum_{n=1}^{\infty} E_n p_n$, $\mathcal{S} = -k \sum_{n=1}^{\infty} p_n \log p_n$ であるから，古典統計力学における積分を和に変えた形で証明を行えばよい．一般の統計作用素 $\mathcal{P}$ の場合は，$\widehat{H}_\hbar$ の固有関数からなる正規直交基底 $\{\varphi_n\}$ $(\widehat{H}_\hbar \varphi_n = E_n \varphi_n)$ を取り

$$\mathcal{P}'(\varphi) = \sum_{n=1}^{\infty} \langle \mathcal{P}\varphi_n, \varphi_n \rangle \langle \varphi, \varphi_n \rangle \varphi_n$$

により新しい統計作用素 $\mathcal{P}'$ を定義する．$\mathcal{P}'$ と $\widehat{H}_\hbar$ が可換であることと，$U(\widehat{H}_\hbar, \mathcal{P}') = U(\widehat{H}_\hbar, \mathcal{P})$ であることは容易にわかる．よって，$\mathcal{S}(\widehat{H}_\hbar, \mathcal{P}) \leq \mathcal{S}(\widehat{H}_\hbar, \mathcal{P}')$ を示せばよい．この事実の証明については，[3]を参照せよ．

ところで，$\mathcal{P}'$ は $\widehat{H}_\hbar$ を統計的状態 $\mathcal{P}$ において測定した直後の統計的状態(の1つ)と考えられる．もし，これを認めるならば，測定はエントロピーを増大させる(少なくとも減少させない)ことになる．これは測定という操作が一般には非可逆的であることを意味している．

注意1 E を $\widehat{H}_\hbar$ のエネルギー固有値とし，その固有空間 $V_E = \{\varphi ; \widehat{H}_\hbar \varphi = E\varphi\}$ 上への直交射影作用素を P_{V_E} とするとき，

$$\mathcal{P}_E = \frac{1}{\dim V_E} P_{V_E}$$

により定義される作用素が，古典力学における小正準分布に対応する統計作用素である．

注意2 本書では，マクスウェル-ボルツマン統計が適用可能と仮定して

量子力学を論じるが，厳密にはこれでは不完全である．すなわち，粒子間の距離が小さく，しかも同種の粒子(たとえば光子あるいは電子)からなる集団を扱う場合，量子論では粒子たちは原理的に区別することができず，この事実に応じて統計理論の変更を必要とするからである．また，粒子がボーズ粒子かフェルミ粒子かに応じて，異なる統計であるボーズ–アインシュタイン統計かフェルミ–ディラック統計を用いなければならない．ボーズ–アインシュタイン統計は，マクスウェル–ボルツマン統計により近似されるので，ボーズ粒子を扱う限り，後者の統計で十分なことが多い．なお，光子はボーズ粒子であり，電子のようにスピンとよばれる内部自由度をもつ粒子はフェルミ粒子である(スピンについては 2.5 節参照)．

2
量子化

　前章では，一般的見地から量子力学の設定を行った．具体的な物理系に対する量子力学を考察するには，ヒルベルト空間 $\mathcal{H}$ と量子力学的ハミルトニアン $\widehat{H}_\hbar$ を指定しなければならない．これは，シンプレクティック多様体 S とハミルトン関数 H を具体的に指定することにより，個々の古典力学が得られることに対応する．

　ここで指摘しておかなければならないのは，(特にミクロの世界に関する限り)古典力学の「上部構造」として物理的世界を支配しているのは量子力学であって，古典的世界像はその「近似」になっているということである．では，与えられた古典力学の「上部」にある量子力学はどのように見出すことができるのか．すなわち，古典力学から量子力学への移行の手続き(**量子化***)はどのようなものなのか．量子力学の理論は，この問に対して完全な形では答えを与えていない．既存の量子化の方法は，極めて制約された力学系にしか適用できないのである．しかし，「現実的」な古典力学に対しては，統一的観点から量子化を行う

---

　*　本来連続量であるべき測定値が，量子効果により離散的になる場合に，(測定値が)「量子化される」という言い方もする．

ことができる.本章では,これについて述べる.

■2.1 古典力学から量子力学へ

ここで扱う古典力学系は,(静)電場と(静)磁場の下での有限質点系の運動,あるいは有限自由度をもつ拘束運動である.磁場に対応する微分形式 B が大域的なベクトル・ポテンシャル $A=\sum_{i=1}^{n}a_i dq_i$ をもつ場合($B=dA$),古典的ハミルトン関数 H はつぎのように与えられた*.

$$H(\boldsymbol{p},\boldsymbol{q}) = \frac{1}{2}\sum_{i,j=1}^{n} g^{ij}(\boldsymbol{q})(p_i-a_i(\boldsymbol{q}))(p_j-a_j(\boldsymbol{q}))+u(\boldsymbol{q}) \tag{2.1}$$

ここで,シンプレクティック多様体 S は,リーマン多様体 M の余接束 T^*M であり,(g^{ij}) は第1基本形式(リーマン計量)の係数からなる行列 (g_{ij}) の逆行列である.$u=u(q_1,\cdots,q_n)$ は電場の静電ポテンシャルから導かれる M 上の関数である.

上記のハミルトン力学系に対応するヒルベルト空間 $\mathcal{H}$ は,

$$L^2(M) = \left\{f: M \longrightarrow \mathbb{C};\ \int_M |f(q)|^2 \mathrm{d}v_g(q) < \infty\right\}$$

である($\mathrm{d}v_g$ はリーマン計量 g に付随する体積要素**).$L^2(M)$ の元を**波動関数**という.ハミルトン関数 H に対応する量子力学的ハミルトニアン $\widehat{H}_\hbar$ は

---

* 本講座「物の理・数の理 4」1.1 節,例題 1.2 参照.微分形式 B 自身を「磁場」とよぶときもあるが,このとき B には本来の磁場に電荷および質量が組み込まれていることに注意.

** 量子力学系は,本質的にはヒルベルト空間 $\mathcal{H}$ の内積の相似類にしかよらないから,$\mathrm{d}v_g$ の代わりにその正数倍を考えてもよい.

$$\widehat{H}_\hbar = \frac{\hbar^2}{2}\nabla_\hbar^*\nabla_\hbar + u \qquad (2.2)$$

により定義される M 上の 2 階の偏微分作用素とする*. したがって,シュレーディンガー方程式は,

$$\sqrt{-1}\hbar\frac{\partial \psi}{\partial t} = \frac{\hbar^2}{2}\nabla_\hbar^*\nabla_\hbar \psi + u\psi$$

となる.ただし,$\nabla_\hbar$ は

$$\nabla_\hbar f = df - \frac{\sqrt{-1}}{\hbar}fA \qquad (2.3)$$

により定義される(d は外微分作用素),M 上の関数に 1 次の微分形式を対応させる 1 階の偏微分作用素である.また,$\nabla_\hbar^*$ は $\nabla_\hbar$ の形式的随伴作用素であり,具体的には

$$\nabla_\hbar^*\omega = d^*\omega + \frac{\sqrt{-1}}{\hbar}\langle A, \omega\rangle$$

により与えられる.したがって,$\widehat{H}_\hbar$ を書き下せば

$$\begin{aligned}\widehat{H}_\hbar f &= \frac{\hbar^2}{2}d^*df + \sqrt{-1}\hbar\langle A, df\rangle \\ &\quad - \frac{\sqrt{-1}\hbar}{2}fd^*A + \frac{1}{2}\|A\|^2 f + uf\end{aligned}$$

となる.局所座標を用いて表わせば,$\nabla_\hbar$ と $\nabla_\hbar^*$ はつぎのように表わされる:$f \in C^\infty(M)$, $\omega = \sum_{i=1}^n \omega_i dq_i \in A^1(M)$ とするとき

---

* 正確には,スピンという内部自由度をもたない場合である(2.5 節および 3.5 節参照).

$$\nabla_\hbar f = \sum_{i=1}^{n} \Big(\frac{\partial f}{\partial q_i} - \frac{\sqrt{-1}}{\hbar} a_i f\Big) dq_i$$

$$\nabla_\hbar^* \omega = -\frac{1}{\sqrt{g}} \sum_{i,j=1}^{n} \frac{\partial}{\partial q_i}\big(\sqrt{g} g^{ij} \omega_j\big) + \frac{\sqrt{-1}}{\hbar} \sum_{i,j=1}^{n} g^{ij} a_i \omega_j$$

> **演習問題 2.1** 通常の意味での磁場の下で,質量 m と電荷 e をもつ荷電粒子が運動するときのハミルトニアンは次式により与えられることを示せ.
> $$\widehat{H}_\hbar = \frac{1}{2m} \sum_{i=1}^{3} \Big(\frac{\hbar}{\sqrt{-1}} \frac{\partial}{\partial q_i} - e a_i(q)\Big)^2 + u(\boldsymbol{q})$$

　上の演習問題を見れば,少なくともユークリッド空間上では,ハミルトン関数 $H(\boldsymbol{p}, \boldsymbol{q})$ の量子化 $\widehat{H}_\hbar$ は,p_i を $\frac{\hbar}{\sqrt{-1}} \frac{\partial}{\partial q_i}$ に形式的に置き換えたものになっている.このような置き換えを**正準量子化**という(しかし,一般のハミルトン関数に対しては,この「形式的置き換え」は不明確なものになる*).

　ここで当然つぎのような疑問が生じる.(2.2)により定義した作用素 $\widehat{H}_\hbar$ がなぜ古典的ハミルトン関数(2.1)の量子化なのかということである.実は,純理論的にはその理由を与えることはできない.これから見ていくように,現実の問題に当てはめたときに「すべてをうまく説明する」という結果論と,数学的整合性が正当化の根拠なのである.

　古典力学では,磁場に対するベクトル・ポテンシャルは補助的な役割しか果たしておらず,磁場のみが本質的な対象であった.量子力学でも,M

---

　*　正準量子化が可能なのは限られた古典的物理量 $a(\boldsymbol{p}, \boldsymbol{q})$ であり(とくに $\boldsymbol{p}$ の置き換えに強い制限がつく),たとえ可能であっても,古典的な場合には注意を払わずに済んだ p_i, q_i の順序にも目を向けなければならない.しかし,本書で扱う「現実的」なハミルトン関数については,正準量子化で十分である.

の構造が「単純」ならば（正確には $H^1(M,\mathbb{R})=\{0\}$ ならば），同じことが言える．すなわち，$\widehat{H}_\hbar$ は本質的に磁場 B にしかよらない．詳しく言えば，ベクトル・ポテンシャル A_1, A_2 について $dA_1=dA_2$ であれば，A_1 に対するハミルトニアン $\widehat{H}_{1,\hbar}$ と A_2 に対するハミルトニアン $\widehat{H}_{2,\hbar}$ はユニタリ同値である．これを示そう．

$d(A_2-A_1)=0$ であるから，仮定 $H^1(M,\mathbb{R})=\{0\}$ により，$df=A_2-A_1$ となる関数 f が存在する．

$$(S\varphi)(x) = \exp\Big(\frac{\sqrt{-1}}{\hbar}f(x)\Big)\varphi(x)$$

により $S: L^2(M) \longrightarrow L^2(M)$ を定めると，明らかに S はユニタリ作用素である．同様に，S は 1 次の微分形式の空間に対しても定義される．$A_i = \sum_{j=1}^{n} a_j^i dq_j \ (i=1,2)$ と置くと，$a_i^2 - a_i^1 = \dfrac{\partial f}{\partial q_i}$ であるから

$$\Big(\frac{\partial}{\partial q_i} - \frac{\sqrt{-1}}{\hbar}a_i^2(q)\Big)e^{\frac{\sqrt{-1}}{\hbar}f}\varphi$$
$$= \frac{\sqrt{-1}}{\hbar}\frac{\partial f}{\partial q_i}e^{\frac{\sqrt{-1}}{\hbar}f}\varphi + e^{\frac{\sqrt{-1}}{\hbar}f}\frac{\partial \varphi}{\partial q_i} - \frac{\sqrt{-1}}{\hbar}a_i^2 e^{\frac{\sqrt{-1}}{\hbar}f}\varphi$$
$$= e^{\frac{\sqrt{-1}}{\hbar}f}\Big(\frac{\partial \varphi}{\partial q_i} - \frac{\sqrt{-1}}{\hbar}a_i^1\varphi\Big)$$

これから，$\nabla_\hbar^1 S = S\nabla_\hbar^2$ が得られ，この両辺の形式的共役を取ることにより，$(\nabla_\hbar^2)^* S = S(\nabla_\hbar^1)^*$ も得られる．よって $\widehat{H}_{2,\hbar} S = S\widehat{H}_{1,\hbar}$ が導かれ，$\widehat{H}_{1,\hbar}$ と $\widehat{H}_{2,\hbar}$ はユニタリ同値である．

$H^1(M,\mathbb{R}) \neq \{0\}$ の場合は，(2.2)をハミルトニアンとする量子力学系は本質的にベクトル・ポテンシャルの選択によっている．このことについては，3.3 節を見よ．

最も単純な場合である標準的計量をもつ数空間 $M=\mathbb{R}^n$ を考えよう．$T^*\mathbb{R}^n = \mathbb{R}^n \times \mathbb{R}^n$ の標準的な正準座標系 $(p_1,\cdots,p_n, q_1,\cdots,q_n)$ を取る．$T^*\mathbb{R}^n$ 上の関数として，q_i は位置，p_j は運動量を表わす物理量である．そして，それらのポアソンの括弧式は $(q_i, p_j) = \delta_{ij}, (p_i, p_j) = (q_i, q_j) = 0$ を満たしている．

演算 $(\cdot,\cdot) = \dfrac{1}{\sqrt{-1}}\hbar[\cdot,\cdot]$ に関して，これと同じ関係式を満たす

2.1 古典力学から量子力学へ

―― 量子化の「意味」を探る試み ――

　本文で述べたような,量子化されたハミルトニアンの「唐突」な登場に違和感をもつ人は多い.古典力学におけるハミルトン形式の一般性と較べて,量子力学のハミルトニアンには極めて強い制限がつくことも,違和感を生じさせる原因の1つであろう.量子力学の誕生からこのかた,量子化を統一的・整合的に求める試みが綿々と続いてきた.もっとも「原始的」な正準量子化から,ワイルの量子化,幾何学的量子化,経路積分による量子化,変形量子化など,さまざまな視座に立った量子化の方法が提案されてきたのである.本書では,このような「形而上学的」問題には踏み込まない.ただここで強調しておきたいことは,ハミルトニアンを構成する「要素」として,ベクトル・ポテンシャルに関わる1階の微分作用素 $\nabla_\hbar$ が登場していることである.これが真の「物理的実体」を表わす対象であることが,次第に理解されていくことになる.

$L^2(\mathbb{R}^n)$ の自己共役作用素 Q_i, P_j がつぎのようにして定義される*.

$$(Q_i f)(q_1,\cdots,q_n) = q_i f(q_1,\cdots,q_n),$$
$$(P_j f)(q_1,\cdots,q_n) = \frac{\hbar}{\sqrt{-1}} \frac{\partial}{\partial q_j} f(q_1,\cdots,q_n)$$

P_j を**運動量(作用素)**という.Q_j は**位置(作用素)**とよばれる.

演習問題 **2.2**(エーレンフェストの定理) ハミルトニアン $\widehat{H}_\hbar = -\dfrac{\hbar^2}{2}\Delta + u$ に対して,次式が成り立つことを示せ.
$$\frac{d}{dt}\langle Q_i\rangle_{\psi(t)} = \langle P_i\rangle_{\psi(t)}, \qquad \frac{d}{dt}\langle P_i\rangle_{\psi(t)} = \left\langle -\frac{\partial u}{\partial q_i}\right\rangle_{\psi(t)}$$

＊　$(Q_i, P_j) = \delta_{ij}I, (P_i, P_j) = (Q_i, Q_j) = O$ を**正準交換関係**という.このことから,位置と運動量を同時には精確に測定できないことがわかる(**不確定性原理**).

例1 位置 Q_i と運動量 P_i のスペクトル分解はフーリエ解析に密接に関連する．簡単のため，$n=1$ としよう．まず Q に対しては，$\chi_{(-\infty,\lambda]}$ を $\mathbb{R}$ における区間 $(-\infty,\lambda]$ の定義関数とするとき，$\boldsymbol{E}_Q(\lambda)\psi=\chi_{(-\infty,\lambda]}\psi$ と置けば，$\{\boldsymbol{E}_Q(\lambda)\}$ が Q に対するスペクトル族になる．実際，$\{\boldsymbol{E}_Q(\lambda)\}$ がスペクトル族の条件を満たしていることを見るのは容易である．$H(q)$ をヘビサイドの関数とするとき，$\chi_{(-\infty,\lambda]}(q)=H(\lambda-q)$ であり，

$$\frac{\mathrm{d}H(\lambda-q)}{\mathrm{d}\lambda}=\delta_0(\lambda-q)=\delta_q(\lambda)$$

であるから

$$\left(\int_{-\infty}^\infty \lambda\,\mathrm{d}\boldsymbol{E}_Q(\lambda)\psi\right)(q)=\int_{-\infty}^\infty \lambda\delta_q(\lambda)\psi(q)\,\mathrm{d}\lambda=q\psi(q)$$

を得る(計算は少々形式的であったが，正当化可能である)．

運動量 P に対するスペクトル族はもうすこし複雑であり，準備を必要とする．ψ を $\mathbb{R}$ 上の急減少関数とし，$\lambda\in\mathbb{R}$ に対して

$$(\mathrm{U}_\lambda\psi)(x)=\frac{1}{\pi}\,\mathrm{p.v.}\int_{-\infty}^\infty \frac{e^{\sqrt{-1}\lambda y}}{y}\psi(x-y)\,\mathrm{d}y$$

と置いて作用素 U_λ を定義する．ここで，記号 p.v. は積分の**コーシー主値**を取る操作を表わす(一般に上の積分は，そのままでは発散する)．くわしくは，

$$\mathrm{p.v.}\int_{-\infty}^\infty F(t)\,\mathrm{d}t=\lim_{R\uparrow\infty,\,\epsilon\downarrow 0}\left(\int_{-R}^{-\epsilon}F(t)\,\mathrm{d}t+\int_\epsilon^R F(t)\,\mathrm{d}t\right)$$

によりコーシー主値が定義される．作用素 U_λ は $L^2(\mathbb{R})$ のユニタリ変換に拡張され，$\mathrm{U}_\lambda{}^2=-I$ を満たす(このことはまったく自明ではない)．そこで，

$$\boldsymbol{E}_P(\lambda)=\frac{1}{2}\bigl(I-\sqrt{-1}\mathrm{U}_{\lambda/\hbar}\bigr) \qquad(2.4)$$

と置けば，$\{\boldsymbol{E}_P(\lambda)\}$ が P に対するスペクトル族を与える．U_0 は**ヒルベルト変換**とよばれる積分変換である．

今述べたことに証明を与えよう．まず，パーセヴァルの定理*により，フーリエ変換 $\psi\mapsto\mathcal{F}(\psi)$ は $L^2(\mathbb{R})$ のユニタリ変換であることを思い出そう．また，フーリエ変換の性質から

---

* 本講座「物の理・数の理 1」5.2 節，例題 5.11 参照．

$$\mathcal{F}(P\psi) = \mathcal{F}\Big(\frac{\hbar}{\sqrt{-1}}\frac{\mathrm{d}\psi}{\mathrm{d}q}\Big) = \hbar\xi\big(\mathcal{F}(\psi)\big)(\xi) = \hbar Q\mathcal{F}(\psi)$$

が得られる. よって, $\hbar Q$ のスペクトル族 $\{\boldsymbol{E}_Q(\lambda/\hbar)\}$ を使って $\boldsymbol{E}_P(\lambda)=\mathcal{F}^{-1}\boldsymbol{E}_Q(\lambda/\hbar)\mathcal{F}$ と置くことにより, P に対するスペクトル族が得られる. これをさらに変形するのに, 定義関数 $\mathcal{F}^{-1}\chi_{(-\infty,\lambda]}$ を求める. このため, 緩増加超関数 $T=\mathrm{p.v.}\frac{1}{x}\in\mathcal{S}'(\mathbb{R})$ を

$$T(f) = \mathrm{p.v.}\int_{-\infty}^{\infty}\frac{1}{x}f(x)\,\mathrm{d}x \qquad (f\in\mathcal{S}(\mathbb{R}))$$

により定義する*. このとき

$$\mathcal{F}\Big(\mathrm{p.v.}\frac{1}{x}\Big) = -\sqrt{\frac{\pi}{2}}\sqrt{-1}\,\mathrm{sgn}\,\xi$$

が成り立つ. 実際,

$$\begin{aligned}\mathcal{F}\Big(\mathrm{p.v.}\frac{1}{x}\Big) &= \frac{1}{\sqrt{2\pi}}\lim_{R\uparrow\infty,\,\epsilon\downarrow 0}\Big(\int_{-R}^{-\epsilon}\frac{e^{-\sqrt{-1}x\xi}}{x}\mathrm{d}x+\int_{\epsilon}^{R}\frac{e^{-\sqrt{-1}x\xi}}{x}\mathrm{d}x\Big)\\ &= -2\sqrt{-1}\frac{1}{\sqrt{2\pi}}\lim_{R\uparrow\infty,\,\epsilon\downarrow 0}\int_{\epsilon}^{R}\frac{\sin x\xi}{x}\,\mathrm{d}x\\ &= -\sqrt{\frac{\pi}{2}}\sqrt{-1}\,\mathrm{sgn}\,\xi\end{aligned}$$

である. ここでよく知られた定積分の公式 $\int_0^\infty\frac{\sin x}{x}\mathrm{d}x=\frac{\pi}{2}$ を使った. そこで, フーリエ変換の性質 $\mathcal{F}(f(x)\,e^{\sqrt{-1}\lambda x})=(\mathcal{F}f)(\xi-\lambda)$ を使えば,

$$\mathcal{F}\Big(\sqrt{\frac{2}{\pi}}\sqrt{-1}\,e^{\sqrt{-1}\mathrm{p.v.}\frac{1}{x}\lambda x}\Big) = \mathrm{sgn}\,(\xi-\lambda) \qquad (2.5)$$

を得る. ところで, デルタ関数のフーリエ変換について $\mathcal{F}(\sqrt{2\pi}\delta_0)=1$ が成り立つことを思い出そう**. これと(2.5)により,

$$\mathcal{F}\Big(\frac{1}{2}\sqrt{2\pi}\delta_0-\sqrt{-1}\frac{1}{\sqrt{2\pi}}e^{\sqrt{-1}\lambda x}\mathrm{p.v.}\frac{1}{x}\Big) = \frac{1}{2}\big(1-\mathrm{sgn}\,(\xi-\lambda)\big)$$
$$= \chi_{(-\infty,\lambda]}(\xi)$$

が得られる. (超)関数の積と合成積に関するフーリエ変換の公式*** $\mathcal{F}(f*$

---

* 本講座「物の理・数の理 1」5.2 節参照.
** 「物の理・数の理 1」5.2 節, 例題 5.13 参照.
*** 「物の理・数の理 1」5.2 節, 例題 5.12 参照.

$g)=\sqrt{2\pi}\mathcal{F}(f)\cdot\mathcal{F}(g)$ を適用すれば, $\psi\in\mathcal{S}(\mathbb{R})$ に対して

$$\begin{aligned}
\boldsymbol{E}_P(\lambda)\psi &= \mathcal{F}^{-1}\boldsymbol{E}_Q(\lambda/\hbar)\mathcal{F}\psi \\
&= \mathcal{F}^{-1}\bigl(\chi_{(-\infty,\lambda/\hbar]}\mathcal{F}\psi\bigr) \\
&= \frac{1}{2}\Bigl(\delta_0 - \frac{1}{\pi}\sqrt{-1}\,\mathrm{e}^{\sqrt{-1}(\lambda/\hbar)x}\,\mathrm{p.v.}\frac{1}{x}\Bigr) * \psi \\
&= \frac{1}{2}\bigl(\psi - U_{\lambda/\hbar}\psi\bigr) \qquad (2.6)
\end{aligned}$$

を得る.このことから, $U_{\lambda/\hbar}$ は $L^2(\mathbb{R})$ に有界作用素として拡張され, (2.6)は $\psi\in L^2(\mathbb{R})$ に対しても成り立つ.これが求める式であった.

演習問題 2.3 (2.4)および $\{\boldsymbol{E}_P(\lambda)\}$ がスペクトル族であることから, つぎのことを示せ.
(1) U_λ は $L^2(\mathbb{R})$ のユニタリ変換であり, $U_\lambda^2 = -I$ が成り立つ.
(2) $\mu\leq\lambda$ のとき $U_\lambda U_\mu = U_\mu U_\lambda = \sqrt{-1}\bigl(U_\mu - U_\lambda\bigr) - I$ が成り立つ.

演習問題 2.4 位置 Q と運動量 P に対する確率分布について,次式が成り立つことを示せ.

$$P_{Q,\psi}\bigl((a,b]\bigr) = \int_a^b |\psi(\lambda)|^2 \mathrm{d}\lambda,$$

$$P_{P,\psi}\bigl((a,b]\bigr) = \int_{a/\hbar}^{b/\hbar} |\widehat{\psi}(\lambda)|^2 \mathrm{d}\lambda$$

〔ヒント〕 $\dfrac{\mathrm{d}}{\mathrm{d}\lambda}\boldsymbol{E}_P(\lambda)\psi = -\dfrac{\sqrt{-1}}{2}\dfrac{\mathrm{d}}{\mathrm{d}\lambda}U_{\lambda/\hbar}\psi$ を計算すると

$$\frac{\mathrm{d}}{\mathrm{d}\lambda}\boldsymbol{E}_P(\lambda)\psi = \frac{1}{\sqrt{2\pi\hbar}}\widehat{\psi}(\lambda/\hbar)\,\mathrm{e}^{\sqrt{-1}x\lambda/\hbar}$$

であるから,

$$\frac{\mathrm{d}}{\mathrm{d}\lambda}\langle\boldsymbol{E}_P(\lambda)\psi,\psi\rangle = \frac{1}{\hbar}|\widehat{\psi}(\lambda/\hbar)|^2$$

が得られるが,これから第2式が従う.

演習問題 2.5 P,Q に対する不確定性原理は，つぎの不等式に同値であることを示せ．

$$\left\{\int_{-\infty}^{\infty}\lambda^2|\psi(\lambda)|^2\mathrm{d}\lambda-\left(\int_{-\infty}^{\infty}\lambda|\psi(\lambda)|^2\mathrm{d}\lambda\right)^2\right\}$$
$$\times\left\{\int_{-\infty}^{\infty}\lambda^2|\widehat{\psi}(\lambda)|^2\mathrm{d}\lambda-\left(\int_{-\infty}^{\infty}\lambda|\widehat{\psi}(\lambda)|^2\mathrm{d}\lambda\right)^2\right\}\geq\frac{1}{4}$$

ただし，$\int_{-\infty}^{\infty}|\psi(\lambda)|^2\mathrm{d}\lambda=1$ とする．

例 2(ハイゼンベルク群) 運動量作用素 P_i は，

$$(\rho_1(\boldsymbol{x})\psi)(\boldsymbol{q})=\psi(\boldsymbol{q}+\boldsymbol{x})\quad(\psi\in L^2(\mathbb{R}^n))$$

により定義される加法群 $\mathbb{R}^n$ のユニタリ表現 ρ_1 に付随する物理量である．位置作用素 Q_i も $\mathbb{R}^n$ のつぎのような表現 ρ_2 に対する物理量である．

$$(\rho_2(\boldsymbol{x})\psi)(\boldsymbol{q})=\exp\left(\frac{\sqrt{-1}}{\hbar}\boldsymbol{x}\cdot\boldsymbol{q}\right)\psi(\boldsymbol{q})$$

$P_i,Q_j\ (i,j=1,\cdots,n)$ の双方を 1 つの表現 ρ に付随する物理量として考えようとするとき，ρ_1,ρ_2 を合わせて，$\mathbb{R}^n\times\mathbb{R}^n$ の表現として

$$(\rho(\boldsymbol{x},\boldsymbol{y})\psi)(\boldsymbol{q})=\exp\left(\frac{\sqrt{-1}}{\hbar}\boldsymbol{x}\cdot\boldsymbol{q}\right)\psi(\boldsymbol{q}+\boldsymbol{y})$$

としたいところであるが，残念ながら ρ は表現にはならない．実際，

$$\rho(\boldsymbol{x},\boldsymbol{y})\rho(\boldsymbol{x}',\boldsymbol{y}')=\exp\left(\frac{\sqrt{-1}}{\hbar}\boldsymbol{x}'\cdot\boldsymbol{y}\right)\rho(\boldsymbol{x}+\boldsymbol{x}',\boldsymbol{y}+\boldsymbol{y}')$$

となって，余分な「因子」$\exp\left(\dfrac{\sqrt{-1}}{\hbar}\boldsymbol{x}'\cdot\boldsymbol{y}\right)$ が現れるからである．そこで，この因子を考慮に入れて，つぎのような群 H_n を構成する．H_n は集合としては $\mathbb{R}^n\times\mathbb{R}^n\times\mathbb{R}$ であり，群の演算は

$$(\boldsymbol{x},\boldsymbol{y},t)(\boldsymbol{x}',\boldsymbol{y}',t')=(\boldsymbol{x}+\boldsymbol{x}',\boldsymbol{y}+\boldsymbol{y}',t+t'+\boldsymbol{x}'\cdot\boldsymbol{y})$$

により定義される(単位元は $\boldsymbol{0}=(\boldsymbol{0},\boldsymbol{0},0)$ であり，$(\boldsymbol{x},\boldsymbol{y},t)$ の逆元は $(-\boldsymbol{x},-\boldsymbol{y},-t+\boldsymbol{x}\cdot\boldsymbol{y})$ である)．そこで改めて ρ を

$$(\rho(\boldsymbol{x},\boldsymbol{y},t)\psi)(\boldsymbol{q}) = \exp\Big(\frac{\sqrt{-1}}{\hbar}(\boldsymbol{x}\cdot\boldsymbol{q}+t)\Big)\psi(\boldsymbol{q}+\boldsymbol{y})$$

により定義すると，ρ は H_n のユニタリ表現となり，

$$\frac{\hbar}{\sqrt{-1}}\mathrm{d}\rho\Big[\Big(\frac{\partial}{\partial x_i}\Big)_0\Big] = Q_i, \quad \frac{\hbar}{\sqrt{-1}}\mathrm{d}\rho\Big[\Big(\frac{\partial}{\partial y_i}\Big)_0\Big] = P_i,$$

$$\frac{\hbar}{\sqrt{-1}}\mathrm{d}\rho\Big[\Big(\frac{\partial}{\partial t}\Big)_0\Big] = I$$

であることが確かめられる．H_n はハイゼンベルク群とよばれる*．

■2.2　調和振動子の量子化

　調和振動子(系)は，一般のポテンシャル・エネルギーの下でのニュートンの運動方程式を「線形化」する際に登場し**，平衡な位置からの微小変動に対しては良い近似を与える．量子物理学においても，たとえば空洞放射や結晶固体の理論において調和振動子の量子化は基本的役割を果たすことになる．

　調和振動子の古典的ハミルトニアンとして $H(p,q)=\pi\nu(p^2+q^2)$ を採用しよう．ν は振動数を表わす．これに対する量子力学的ハミルトニアン $\widehat{H}_\hbar$ は

$$\widehat{H}_\hbar = \pi\nu\Big(-\hbar^2\frac{\partial^2}{\partial q^2}+q^2\Big)$$

により与えられる．

　＊　一般に，群 G からユニタリ変換群への写像 $\rho: G \longrightarrow U(\mathcal{H})$ が $\rho(g_1)\rho(g_2)=\theta(g_1,g_2)\rho(g_1g_2)$ を満たすような $G\times G$ 上の関数 θ を有するとき，ρ は因子 θ をもつ射影ユニタリ表現という．θ はコサイクル条件とよばれる関係式 $\theta(g_1,g_2)\theta(g_1g_2,g_3)=\theta(g_1,g_2g_3)\theta(g_2,g_3)$ を満たす．本書では扱わないが，磁場を不変にする変換群から，因子をもつ射影ユニタリ表現が生じる．
　＊＊　本講座「物の理・数の理 1」3.3 節参照．

2.2 調和振動子の量子化 | 43

例題 2.1 $\widehat{H}_\hbar$ のスペクトルは，単純な固有値

$$h\nu\left(k+\frac{1}{2}\right) \qquad (k=0,1,2,\cdots)$$

からなることを示せ($h=2\pi\hbar$).

【解】 補助的な作用素として $L=\dfrac{1}{\sqrt{2\hbar}}\left(\hbar\dfrac{\partial}{\partial q}+q\right)$ を導入する．L の形式的共役作用素は $L^*=\dfrac{1}{\sqrt{2\hbar}}\left(-\hbar\dfrac{\partial}{\partial q}+q\right)$ により与えられ，さらに

$$L^*L = \frac{1}{2\hbar}\left(-\hbar^2\frac{\partial^2}{\partial q^2}+q^2\right)-\frac{1}{2}, \quad LL^* = \frac{1}{2\hbar}\left(-\hbar^2\frac{\partial^2}{\partial q^2}+q^2\right)+\frac{1}{2}$$

となることが容易な計算で確かめられる．よって，

$$[L,L^*] = LL^*-L^*L = 1, \quad \widehat{H}_\hbar = h\nu\left(L^*L+\frac{1}{2}\right)$$

を得る．スペクトルについての主張を証明するには $\sigma(L^*L)=\{n\in\mathbb{Z};\,n\geq 0\}$ であることを示せばよい．そこで，まず $n=0$ が L^*L の単純な固有値であることを見よう．$L^*Lf=0$ ($f\in L^2(\mathbb{R})$) とする．このとき，

$$0 = Lf = \frac{1}{\sqrt{2\hbar}}\left(\hbar\frac{\mathrm{d}}{\mathrm{d}q}+q\right)f$$

であるから，ある定数 c により $f(q)=ce^{-\frac{q^2}{2\hbar}}$ となる．逆に，この関数は $L^2(\mathbb{R})$ に属し，しかも $L^*Lf=0$ である．

つぎに $\sigma(L^*L)\subset\{n\in\mathbb{Z};\,n\geq 0\}$ を示すため，つぎの事実を使う．

「$L^*L|(\mathrm{Ker}\,L)^\perp$ と $LL^*|(\mathrm{Ker}\,L^*)^\perp$ はユニタリ同値である」

$\lambda\in\sigma(L^*L)$ として，ある整数 $n\geq 0$ について $n<\lambda<n+1$ となるものが存在したと仮定する．このとき

$$\lambda\in\sigma(L^*L|(\mathrm{Ker}\,L)^\perp) = \sigma(LL^*|(\mathrm{Ker}\,L^*)^\perp) \subset \sigma(LL^*) = \sigma(L^*L)+1$$

であるから，$\lambda-1\in\sigma(L^*L)$ となる．これを繰り返して，$\lambda-n-1\in\sigma(L^*L)$ が得られるが，$\lambda-n-1<0$ であるから $\sigma(L^*L)\subset[0,\infty)$ であることに矛盾する．こうして，$\sigma(L^*L)\subset\{n\in\mathbb{Z};\,n\geq 0\}$ が確認され，さらに $\sigma(L^*L)$ は点スペクトル（固有値）からなることが示された．

$n\in\sigma(L^*L)$ であるとき，$n+1\in\sigma(L^*L)$ であることを見よう．$L^*Lf=nf$ を満たす $f\in L^2(\mathbb{R})$, $f\neq 0$ を取る．$L^*f\neq 0$ である．実際，$L^*f=0$ とす

ると,

$$nf = L^*Lf = (LL^*-1)f = -f$$

となるから, $f=0$ となって矛盾. さらに

$$L^*L(L^*f) = L^*(L^*L+1)f = (n+1)L^*f$$

となることから, $n+1 \in \sigma(L^*L)$ が得られた. 既に $0 \in \sigma(L^*L)$ となることがわかっているから, 今示したことを使えば, すべての整数 $n \geq 0$ が L^*L の固有値であることが証明された. 残っているのは各 n の固有値としての重複度が 1 となることの証明である. このため

$$L_n^2(\mathbb{R}) = \{f \in L^2(\mathbb{R});\ L^*Lf = nf\}$$

と置く. $\dim L_0^2(\mathbb{R}) = 1$ であるから, $L^* : L_n^2(\mathbb{R}) \longrightarrow L_{n+1}^2(\mathbb{R})$ が線形同型写像であることを示せばよい. これが単射であることは既に見たから, 全射であることを確かめればよいが, $g \in L_{n+1}^2(\mathbb{R})$ に対して, $L^*Lg = (n+1)g$ となることからこれは明らかである. □

$\widehat{H}_\hbar$ の固有関数について, そのより具体的な形を求めるにはエルミート多項式を使う. これについても例題として述べておくことにする.

例題 2.2 関数 $H_n(x)$ $(n \geq 0)$ を $H_n(x) = (-1)^n e^{x^2} \dfrac{d^n}{dx^n} e^{-x^2}$ により定義する. このとき, つぎの事柄を証明せよ.
(1) $H_n(x)$ は最高次数の項が $2^n x^n$ であるような多項式であり[*],

$$H_{n+1}(x) - 2xH_n(x) + 2nH_{n-1}(x) = 0$$

(2) $H_n''(x) - 2xH_n'(x) + 2nH_n(x) = 0$
(3) $\displaystyle\int_\mathbb{R} H_n(x)H_m(x) e^{-x^2} dx = 2^n n! \sqrt{\pi} \delta_{nm}$
(4) $f_n(x) = H_n(x) e^{-\frac{x^2}{2}}$ はつぎの微分方程式を満たす.

---

[*] エルミート多項式という.

$$\left(-\frac{\mathrm{d}^2}{\mathrm{d}x^2}+x^2\right)f_n(x) = (2n+1)f_n(x)$$

【解】

(1) 積の高階微分に関するライプニッツ則

$$(fg)^{(n)} = \sum_{i=0}^{n} \binom{n}{i} f^{(i)} g^{(n-i)}$$

を使えば,

$$\begin{aligned}
H_{n+1}(x) &= (-1)^{n+1} \mathrm{e}^{x^2} \left(-2x \frac{\mathrm{d}^n}{\mathrm{d}x^n} \mathrm{e}^{-x^2} - 2n \frac{\mathrm{d}^{n-1}}{\mathrm{d}x^{n-1}} \mathrm{e}^{-x^2}\right) \\
&= 2x H_n(x) - 2n H_{n-1}(x)
\end{aligned}$$

を得る. $H_n(x)$ の最高次数の項が $2^n x^n$ であることは, $H_0 \equiv 1$, $H_1(x)=2x$ であることに注意すれば, 数学的帰納法により示される.

(2)

$$\begin{aligned}
H_n'(x) &= (-1)^n \frac{\mathrm{d}}{\mathrm{d}x} \left(\mathrm{e}^{x^2} \frac{\mathrm{d}^n}{\mathrm{d}x^n} \mathrm{e}^{-x^2}\right) \\
&= (-1)^n \left(2x \mathrm{e}^{x^2} \frac{\mathrm{d}^n}{\mathrm{d}x^n} \mathrm{e}^{-x^2} + \mathrm{e}^{x^2} \frac{\mathrm{d}^{n+1}}{\mathrm{d}x^{n+1}} \mathrm{e}^{-x^2}\right) \\
&= 2x H_n(x) - H_{n+1}(x) \tag{2.7}
\end{aligned}$$

$$H_n''(x) = 2H_n(x) + 2x H_n'(x) - H_{n+1}'(x) \tag{2.8}$$

(2.8)から $2x \times$(2.7)を引いて

$$\begin{aligned}
H_n''(x) - 2x H_n'(x) &= 2H_n(x) + 2x H_n'(x) - H_{n+1}'(x) \\
&\quad - 4x^2 H_n(x) + 2x H_{n+1}(x)
\end{aligned}$$

を得るから, この右辺の第2項に(2.7)を, 第3項に(2.7)の n を $n+1$ としたものを代入すれば,

$$\begin{aligned}
&H_n''(x) - 2x H_n'(x) \\
&= (2-4x^2) H_n(x) + 2x \bigl(2x H_n(x) - H_{n+1}(x)\bigr) \\
&\quad - 2x H_{n+1}(x) + H_{n+2}(x) + 2x H_{n+1}(x) \\
&= 2x H_n(x) - 2x H_{n+1}(x) + H_{n+2}(x) \\
&= H_{n+2}(x) - 2x H_{n+1}(x) + 2(n+1) H_n(x) - 2n H_n(x)
\end{aligned}$$

(1)で示したことを使えば，右辺は $-2nH_n(x)$ に等しい．よって主張が示された．

(3) $n>m$ とするとき，部分積分を繰り返し使って

$$\int_{\mathbb{R}} H_n(x)H_m(x)e^{-x^2}dx = (-1)^n \int_{\mathbb{R}} \Big(\frac{d^n}{dx^n}e^{-x^2}\Big) H_m(x)\,dx$$

$$= (-1)^n \Big[H_m(x)\frac{d^{n-1}}{dx^{n-1}}e^{-x^2}\Big]_{-\infty}^{\infty} - (-1)^n \int_{\mathbb{R}} H'_m(x)\frac{d^{n-1}}{dx^{n-1}}e^{-x^2}dx$$

$$= (-1)^{n+1} \int_{\mathbb{R}} H'_m(x)\frac{d^{n-1}}{dx^{n-1}}e^{-x^2}dx$$

$$= \cdots = (-1)^{n+m+1} \int_{\mathbb{R}} H_m^{(m+1)}(x)\frac{d^{n-m-1}}{dx^{n-m-1}}e^{-x^2}dx = 0$$

を得る．$m=n$ の場合は

$$\int_{\mathbb{R}} H_n(x)^2 e^{-x^2}dx = (-1)^n \int_{\mathbb{R}} H_n(x)\frac{d^n}{dx^n}e^{-x^2}dx$$

$$= 2^n n! \int_{\mathbb{R}} e^{-x^2}dx = 2^n n!\sqrt{\pi} \qquad \Box$$

■2.3 サイクロトロン運動の量子化

平面 $\mathbb{R}^2$ に垂直な一様磁場は，平面上に拘束された荷電粒子の円運動を引き起こす*（サイクロトロン運動）．m を質量，e を電荷，b を磁場の大きさ（磁束密度）とするとき，（サイクロトロン）角振動数は $\omega=eb/m$ であった．この運動の量子化を考察しよう．磁場に対応する平面上の2次微分形式は $B=\omega dq_1 \wedge dq_2$ であるから，ベクトル・ポテンシャルとして $A=\dfrac{\omega}{2}(q_1 dq_2 - q_2 dq_1)$ を取ると，古典的ハミルトン関数は

$$H = \frac{1}{2}\Big[\Big(p_1+\frac{\omega}{2}q_2\Big)^2 + \Big(p_2-\frac{\omega}{2}q_1\Big)^2\Big]$$

---

* 本講座「物の理・数の理 1」5.4 節，例題 5.19 参照．

2.3 サイクロトロン運動の量子化

により与えられる．これに対応するハミルトニアンは

$$\widehat{H}_\hbar = \frac{1}{2}\left[\left(\frac{\hbar}{\sqrt{-1}}\frac{\partial}{\partial q_1}+\frac{\omega}{2}q_2\right)^2 + \left(\frac{\hbar}{\sqrt{-1}}\frac{\partial}{\partial q_2}-\frac{\omega}{2}q_1\right)^2\right]$$

$$= \frac{\hbar^2}{2}\left[-\left(\frac{\partial^2}{\partial q_1^2}+\frac{\partial^2}{\partial q_2^2}\right)+\sqrt{-1}\frac{\omega}{\hbar}\left(q_1\frac{\partial}{\partial q_2}-q_2\frac{\partial}{\partial q_1}\right)\right.$$

$$\left.+\frac{\omega^2}{4\hbar^2}(q_1^2+q_2^2)\right]$$

である．そこで，$\alpha=\omega/\hbar$ と置き，微分作用素

$$L = \sqrt{-1}\left(\frac{\alpha}{2}\right)^{-\frac{1}{2}}\left(\frac{\partial}{\partial \overline{z}}+\frac{\alpha}{4}z\right)$$

を導入しよう．ここで，

$$z = q_1+\sqrt{-1}q_2,\quad \frac{\partial}{\partial \overline{z}} = \frac{1}{2}\left(\frac{\partial}{\partial q_1}+\sqrt{-1}\frac{\partial}{\partial q_2}\right)$$

である．容易に

$$L^* = \sqrt{-1}\left(\frac{\alpha}{2}\right)^{-\frac{1}{2}}\left(\frac{\partial}{\partial z}-\frac{\alpha}{4}\overline{z}\right)$$

が示され，

$$L^*L = -\left(\frac{\alpha}{2}\right)^{-1}\left[\frac{\partial^2}{\partial z\partial \overline{z}}+\frac{\alpha}{4}\left(z\frac{\partial}{\partial z}-\overline{z}\frac{\partial}{\partial \overline{z}}\right)-\frac{\alpha^2}{16}|z|^2+\frac{\alpha}{4}\right],$$

$$LL^* = -\left(\frac{\alpha}{2}\right)^{-1}\left[\frac{\partial^2}{\partial z\partial \overline{z}}+\frac{\alpha}{4}\left(z\frac{\partial}{\partial z}-\overline{z}\frac{\partial}{\partial \overline{z}}\right)-\frac{\alpha^2}{16}|z|^2-\frac{\alpha}{4}\right]$$

$$\frac{\partial^2}{\partial z\partial \overline{z}} = \frac{1}{4}\left(\frac{\partial^2}{\partial q_1^2}+\frac{\partial^2}{\partial q_2^2}\right),$$

$$z\frac{\partial}{\partial z}-\overline{z}\frac{\partial}{\partial \overline{z}} = \sqrt{-1}\left(q_2\frac{\partial}{\partial q_1}-q_1\frac{\partial}{\partial q_2}\right)$$

となることから $[L,L^*]=1$，$\widehat{H}_\hbar=\hbar\omega\left(L^*L+\frac{1}{2}\right)$ を確かめることができる．よって，ハミルトニアン $\widehat{H}_\hbar$ は本質的には調和振動

子のハミルトニアンと同じものであり，

$$\sigma(\widehat{H}_\hbar) = \left\{ \hbar\omega\left(n+\frac{1}{2}\right);\ n = 0, 1, 2, \cdots \right\}$$

である．これが量子化されたサイクロトロン運動のエネルギー準位であり，**ランダウ準位**とよばれる．ここで注意すべきことは，調和振動子の場合と異なり，固有値の重複度は無限大となることである．これを確かめるために，L の固有値 0 に対する固有関数を求めてみよう．このため $f(z,\bar{z})=\psi(z,\bar{z})\exp\left(-\frac{\alpha}{4}|z|^2\right)$ と置く．

$$\left(\frac{\partial}{\partial\bar{z}}+\frac{\alpha}{4}z\right)f(z,\bar{z}) = \frac{\partial\psi}{\partial\bar{z}}\exp\left(-\frac{\alpha}{4}|z|^2\right)$$

であるから，$Lf=0$ となるのは $\frac{\partial\psi}{\partial\bar{z}}=0$ すなわち ψ が正則関数のとき，そしてこのときのみである．とくに $z^n\exp\left(-\frac{\alpha}{4}|z|^2\right)$ ($n=0,1,2,\cdots$) は，固有値 0 に対する L の固有関数である．

■2.4 角運動量の量子化——軌道角運動量

1粒子の運動の場合の角運動量を量子化しよう．ヒルベルト空間 $\mathcal{H}$ として $L^2(\mathbb{R}^3)$ を考える．古典的な角運動量は，$\mathbb{R}^3$ への回転群 $SO(3)$ の作用から得られる物理量であった．その量子化は，$L^2(\mathbb{R}^3)$ へのユニタリ表現

$$(\rho(g)f)(\boldsymbol{q}) = f(g^{-1}\boldsymbol{q}) \qquad (g \in SO(3))$$

に対する物理量である．$SO(3)$ のリー環 $so(3)=\{L \in M_3(\mathbb{R});\ {}^tL=-L\}$ の基底として

$$L_1 = \begin{pmatrix} 0 & 0 & 0 \\ 0 & 0 & -1 \\ 0 & 1 & 0 \end{pmatrix}, \quad L_2 = \begin{pmatrix} 0 & 0 & 1 \\ 0 & 0 & 0 \\ -1 & 0 & 0 \end{pmatrix}, \quad L_3 = \begin{pmatrix} 0 & -1 & 0 \\ 1 & 0 & 0 \\ 0 & 0 & 0 \end{pmatrix}$$

を取る*.このとき,

$$d\rho(L_1) = q_3 \frac{\partial}{\partial q_2} - q_2 \frac{\partial}{\partial q_3}, \quad d\rho(L_2) = q_1 \frac{\partial}{\partial q_3} - q_3 \frac{\partial}{\partial q_1},$$
$$d\rho(L_3) = q_2 \frac{\partial}{\partial q_1} - q_1 \frac{\partial}{\partial q_2}$$

であることが,$A \in M_3(\mathbb{R})$ に対して

$$\left.\frac{d}{dt}\right|_{t=0} f\big((\exp tA)\boldsymbol{q}\big) = \sum_{i,j=1}^{3} a_{ij} q_j \frac{\partial f}{\partial q_i}$$

が成り立つことから確かめられる.$L \in so(3)$ に付随する物理量 $\widehat{L}_\hbar = \dfrac{\hbar}{\sqrt{-1}} d\rho(L)$ を**軌道角運動量**(作用素)という.$\widehat{L}_{i,\hbar}$ は,$-\boldsymbol{q}\times\boldsymbol{p}$ の第 i 成分において,p_i を $\dfrac{\hbar}{\sqrt{-1}} \dfrac{\partial}{\partial q_i}$ により置き換えたものになっていることに注意しよう**.

演習問題 2.6 つぎの交換関係を示せ.

$$[\widehat{L}_{1,\hbar}, \widehat{L}_{2,\hbar}] = -\sqrt{-1}\hbar \widehat{L}_{3,\hbar}, \quad [\widehat{L}_{2,\hbar}, \widehat{L}_{3,\hbar}] = -\sqrt{-1}\hbar \widehat{L}_{1,\hbar},$$
$$[\widehat{L}_{3,\hbar}, \widehat{L}_{1,\hbar}] = -\sqrt{-1}\hbar \widehat{L}_{2,\hbar}$$

後の目的のために,$SO(3)$ の既約ユニタリ表現の「候補」をすべて求めよう.ここでは「発見的方法」によりそれを行う.

$(\rho, \mathbb{C}^N)$ をユニタリ表現とし,$d\rho : so(3) \longrightarrow M_N(\mathbb{C})$ をその微分表現と

---

* $A \in so(3)$ に $A\boldsymbol{q}=\boldsymbol{a}\times\boldsymbol{q}$ となる $\boldsymbol{a} \in \mathbb{R}^3$ を対応させる全単射により,$so(3)$ を $\mathbb{R}^3$ と同一視したとき,この基底は $\mathbb{R}^3$ の標準基底 $\boldsymbol{e}_1, \boldsymbol{e}_2, \boldsymbol{e}_3$ に対応している(本講座「物の理・数の理 1」第 1 章).

** 物理学のテキストでは,$-\widehat{L}_{i,\hbar}$ を軌道角運動量の成分とすることが多い.

する．$A_i = d\rho(L_i)$ $(i=,1,2,3)$ と置き，さらに

$$A_+ = -A_2+\sqrt{-1}A_1, \quad A_- = A_2+\sqrt{-1}A_1, \quad A_0 = \sqrt{-1}A_3$$

と置くと，$A_i^* = -A_i$ であるから $A_+^* = A_-$, $A_0^* = A_0$ を得る．簡単な計算により

$$[A_+, A_-] = 2A_0, \quad [A_-, A_0] = A_-, \quad [A_0, A_+] = A_+$$

を示すことができる．A_0 の最大固有値を ℓ として，その固有ベクトルを $\boldsymbol{x} \neq \boldsymbol{0}$ とする．一般に，$A_0 \boldsymbol{y} = \mu \boldsymbol{y}$ とするとき，

$$A_0 A_+ \boldsymbol{y} = (A_+ A_0 + A_+) \boldsymbol{y} = (\mu+1) A_+ \boldsymbol{y},$$
$$A_0 A_- \boldsymbol{y} = (A_- A_0 - A_-) \boldsymbol{y} = (\mu-1) A_- \boldsymbol{y}$$

が成り立つことに注意．とくに ℓ が最大固有値であることから，$A_+ \boldsymbol{x} = \boldsymbol{0}$ である．$A_0 A_-^n \boldsymbol{x} = (\ell-n) A_-^n \boldsymbol{x}$ を示そう．$n=0$ のときは，明らかに正しい．$n-1$ のとき正しいと仮定すれば

$$A_0 A_-^n \boldsymbol{x} = A_0 A_- A_-^{n-1} \boldsymbol{x} = (A_- A_0 - A_-) A_-^{n-1} \boldsymbol{x}$$
$$= A_- A_0 A_-^{n-1} \boldsymbol{x} - A_-^n \boldsymbol{x} = (\ell-n+1) A_-^n \boldsymbol{x} - A_-^n \boldsymbol{x}$$
$$= (\ell-n) A_-^n \boldsymbol{x}$$

となって，n に対しても正しいことがわかる．つぎに，$A_+ A_-^n \boldsymbol{x} = n(2\ell-n+1) A_-^{n-1} \boldsymbol{x}$ を示す．$n=0$ のときは正しい．$n-1$ のとき正しいと仮定すれば

$$A_+ A_-^n \boldsymbol{x} = A_+ A_- A_-^{n-1} \boldsymbol{x} = (A_- A_+ + 2A_0) A_-^{n-1} \boldsymbol{x}$$
$$= (n-1)(2\ell-n+2) A_-^{n-1} \boldsymbol{x} + 2(\ell-n+1) A_-^{n-1} \boldsymbol{x}$$
$$= n(2\ell-n+1) A_-^{n-1} \boldsymbol{x}$$

となって，n の場合も正しい．

以下，ρ は既約としよう．今示したことから，$\boldsymbol{x}, A_- \boldsymbol{x}, A_-^2 \boldsymbol{x}, \cdots$ は $\mathbb{C}^N$ を張ることが結論される．実際，V を，$\boldsymbol{x}, A_- \boldsymbol{x}, A_-^2 \boldsymbol{x}, \cdots$ が張る部分空間とすると $A_0(V) \subset V$, $A_\pm(V) \subset V$ となるから，ρ の既約性から $V = \mathbb{C}^N$ である．さらに，$A_0^k \boldsymbol{x}$ が $\boldsymbol{0}$ と異なる限り，$\ell-k$ は $A_0^k \boldsymbol{x}$ を固有ベクトルとする A_0 の固有値である．よって，A_0 の固有値は

2.4 角運動量の量子化

$$\ell,\ \ell-1, \ell-2, \cdots, \ell-(N-1)$$

により与えられ,すべて重複度 1 である.

つぎに,A_0 と $-A_0$ がユニタリ同値であることを示そう.

$$B = \begin{pmatrix} -1 & 0 & 0 \\ 0 & 1 & 0 \\ 0 & 0 & -1 \end{pmatrix} \in SO(3)$$

に対して,$BL_3B^{-1}=-L_3$ が成り立つことは容易に確かめられる.よって,$-A_3=\rho(BL_3B^{-1})=\rho(B)A_3\rho(B)^{-1}$ (演習問題 1.3) となるから,A_0 と $-A_0$ はユニタリ同値である.とくに,$-\ell$ は A_0 の最小固有値であることが結論され,$-\ell=\ell-(N-1)$,すなわち $N=2\ell+1$ となる.このことから,ℓ は整数か半整数 $0,\ \dfrac{1}{2},\ 1,\ \dfrac{3}{2},\cdots$ のいずれかである.

$\mathbb{C}^N$ の正規直交基底 $\boldsymbol{x}_\ell, \boldsymbol{x}_{\ell-1}, \cdots, \boldsymbol{x}_{-\ell}$ を $A_0\boldsymbol{x}_\lambda=\lambda\boldsymbol{x}_\lambda$ となるように選び,$\alpha_\lambda, \beta_\lambda$ を $A_+\boldsymbol{x}_\lambda=\alpha_\lambda\boldsymbol{x}_{\lambda+1}, A_-\boldsymbol{x}_\lambda=\beta_\lambda\boldsymbol{x}_{\lambda-1}$ により決める.$\alpha_\ell=\beta_{-\ell}=0$ および

$$\alpha_\lambda = \langle A_+\boldsymbol{x}_\lambda, \boldsymbol{x}_{\lambda+1}\rangle = \langle \boldsymbol{x}_\lambda, A_-\boldsymbol{x}_{\lambda+1}\rangle = \beta_{\lambda+1}$$

に注意.さらに

$$A_-A_+\boldsymbol{x}_\lambda = \alpha_\lambda A_-\boldsymbol{x}_{\lambda+1} = \alpha_\lambda\beta_{\lambda+1}\boldsymbol{x}_\lambda,$$
$$A_-A_+\boldsymbol{x}_\lambda = (A_+A_- - 2A_0)\boldsymbol{x}_\lambda = \beta_\lambda A_+\boldsymbol{x}_{\lambda-1} - 2\lambda\boldsymbol{x}_\lambda$$
$$= (\alpha_{\lambda-1}\beta_\lambda - 2\lambda)\boldsymbol{x}_\lambda$$

であるから,$\alpha_{\lambda-1}\beta_\lambda=\alpha_\lambda\beta_{\lambda+1}+2\lambda$ を得る.よって,$\alpha_{\lambda-1}{}^2=\alpha_\lambda{}^2+2\lambda$ が成り立ち,これから

$$\alpha_\lambda{}^2 = \ell(\ell+1) - \lambda(\lambda+1),$$
$$\beta_\lambda{}^2 = \alpha_{\lambda-1}{}^2 = \ell(\ell+1) - \lambda(\lambda-1)$$

が結論される.ここで $A_1 = -\dfrac{\sqrt{-1}}{2}(A_+ + A_-)$,$A_2 = \dfrac{1}{2}(A_- - A_+)$,$A_3 = -\sqrt{-1}A_0$ であるから

$$A_1\boldsymbol{x}_\lambda = -\frac{\sqrt{-1}}{2}(\beta_{\lambda+1}\boldsymbol{x}_{\lambda+1}+\beta_\lambda\boldsymbol{x}_{\lambda-1}),$$
$$A_2\boldsymbol{x}_\lambda = \frac{1}{2}(\beta_\lambda\boldsymbol{x}_{\lambda-1}+\beta_{\lambda+1}\boldsymbol{x}_{\lambda+1}), \quad A_3\boldsymbol{x}_\lambda = -\sqrt{-1}\lambda\boldsymbol{x}_\lambda$$

を得る.よって,基底 $\boldsymbol{x}_\ell, \boldsymbol{x}_{\ell-1}, \cdots, \boldsymbol{x}_{-\ell}$ に関する A_1, A_2, A_3 の行列表示はつぎのようになる.

$$A_1 = \begin{pmatrix} 0 & -\frac{\sqrt{-1}}{2}\beta_\ell & & & & \\ -\frac{\sqrt{-1}}{2}\beta_\ell & 0 & -\frac{\sqrt{-1}}{2}\beta_{\ell-1} & & 0 & \\ 0 & -\frac{\sqrt{-1}}{2}\beta_{\ell-1} & 0 & & & \\ & & & \ddots & & \\ & 0 & & & 0 & -\frac{\sqrt{-1}}{2}\beta_{-\ell+1} \\ & & & & -\frac{\sqrt{-1}}{2}\beta_{-\ell+1} & 0 \end{pmatrix}$$

$$A_2 = \begin{pmatrix} 0 & -\frac{1}{2}\beta_\ell & & & & \\ \frac{1}{2}\beta_\ell & 0 & -\frac{1}{2}\beta_{\ell-1} & & 0 & \\ 0 & \frac{1}{2}\beta_{\ell-1} & 0 & & & \\ & & & \ddots & & \\ & 0 & & & 0 & -\frac{1}{2}\beta_{-\ell+1} \\ & & & & \frac{1}{2}\beta_{-\ell+1} & 0 \end{pmatrix}$$

$$A_3 = \begin{pmatrix} -\sqrt{-1}\ell & 0 & \cdots & 0 \\ 0 & -\sqrt{-1}(\ell-1) & & 0 \\ & & \ddots & \\ 0 & 0 & \cdots & \sqrt{-1}\ell \end{pmatrix}$$

既約表現にラベルを付けるのに有用な線形写像として,$SO(3)$ の一般のユニタリ表現 ρ に対して**カシミア作用素**[*]

---

[*] カシミール作用素ということもある.

$$\boldsymbol{A}^2 = \bigl(d\rho(L_1)\bigr)^2 + \bigl(d\rho(L_2)\bigr)^2 + \bigl(d\rho(L_3)\bigr)^2 = {A_1}^2 + {A_2}^2 + {A_3}^2$$

を導入する．$\boldsymbol{A}^2 A_i = A_i \boldsymbol{A}^2$ $(i=1,2,3)$ が成り立つから，ρ が既約な場合はシュアの補題により，$\boldsymbol{A}^2 = c I_N$ となる実数 c が存在する．簡単な計算により，$\boldsymbol{A}^2 = -A_+ A_- + A_0 - {A_0}^2$ を得るから，

$$\begin{aligned}c\boldsymbol{x} &= -A_+ A_- \boldsymbol{x} + (\ell - \ell^2)\boldsymbol{x} = -(A_- A_+ + 2A_0)\boldsymbol{x} + (\ell - \ell^2)\boldsymbol{x} \\ &= -2\ell \boldsymbol{x} + (\ell - \ell^2)\boldsymbol{x} = -\ell(\ell+1)\boldsymbol{x}\end{aligned}$$

すなわち $c = -\ell(\ell+1)$ である．

逆に，$SO(3)$ のユニタリ表現 $(\rho, \mathbb{C}^N)$ に対して，$N=2\ell+1$, $\boldsymbol{A}^2 = -\ell(\ell+1) I_N$ が成り立てば，$(\rho, \mathbb{C}^N)$ は既約である．実際，既約な部分表現 (ρ, V) ($V \neq \{\boldsymbol{0}\}$) が存在すれば，$\dim V = 2\ell'+1$, $\boldsymbol{A}^2|V = -\ell'(\ell'+1) I_V$ であるが，$\ell'(\ell'+1) = \ell(\ell+1)$ でなければならないから，$\ell' = \ell$, $V = \mathbb{C}^N$ が結論される．

ここで注意すべきことは，（半）整数 $\ell \geq 0$ と $SO(3)$ の既約表現の「候補」が対応したが，これらはあくまで候補であって，今構成した微分表現が $SO(3)$ の既約表現の微分表現になっているとは限らないことである（課題 2.1 参照）．このことが，次節で述べるスピン角運動量という，古典的物理量には由来しない量子力学的物理量の登場に関係することになる．

課題 2.1 G を連結なリー群とし，G_1 は任意のリー群とする．$f: \mathfrak{g} \longrightarrow \mathfrak{g}_1$ を G のリー環 $\mathfrak{g}$ から G_1 のリー環 $\mathfrak{g}_1$ への準同型とする．G が単連結であれば，$f = d\rho$ となるようなリー群の準同型 $\rho: G \longrightarrow G_1$ が存在することを示せ．

軌道角運動量のスペクトルを調べるため，$SO(3)$ の表現 $\bigl(\rho, L^2(\mathbb{R}^3)\bigr)$ の既約分解を考えよう．このため，空間の極座標 $q_1 = r\sin\theta\cos\phi$, $q_2 = r\sin\theta\sin\phi$, $q_3 = r\cos\theta$ を用いて，$L^2(\mathbb{R}^3) = L^2\bigl((0,\infty), r^2 dr\bigr) \otimes L^2(S^2, \sin\theta d\theta d\phi)$ と分解する（ここで $d\sigma = \sin\theta d\theta d\phi$ は単位球面 S^2 の面積要素であることを思い出そう）．このテンソル積分解に応じて，表現 ρ は，$\boldsymbol{1} \otimes \rho_0$ に分解

される．ここで，ρ_0 は $SO(3)$ の S^2 への自然な作用から導かれる表現である．容易に

$$d\rho(L_1) = \sin\phi\frac{\partial}{\partial\theta} + \cot\theta\cos\phi\frac{\partial}{\partial\phi},$$

$$d\rho(L_2) = -\cos\phi\frac{\partial}{\partial\theta} + \cot\theta\sin\phi\frac{\partial}{\partial\phi},$$

$$d\rho(L_3) = -\frac{\partial}{\partial\phi},$$

$$\bigl(d\rho(L_1)\bigr)^2 + \bigl(d\rho(L_2)\bigr)^2 + \bigl(d\rho(L_3)\bigr)^2$$
$$= \frac{1}{\sin\theta}\frac{\partial}{\partial\theta}\left(\sin\theta\frac{\partial}{\partial\theta}\right) + \frac{1}{\sin^2\theta}\frac{\partial^2}{\partial\phi^2}$$

が確かめられる．最後の等式の右辺は，S^2 上のラプラシアン Δ_{S^2} と一致することに注意しよう．すなわち，

$$\bigl(d\rho(L_1)\bigr)^2 + \bigl(d\rho(L_2)\bigr)^2 + \bigl(d\rho(L_3)\bigr)^2 = I \otimes \Delta_{S^2}$$

であり，Δ_{S^2} は ρ_0 に対するカシミア作用素である．さらに，$\mathbb{R}^3$ 上のラプラシアン $\Delta_{\mathbb{R}^3}$ について

$$\Delta_{\mathbb{R}^3} = \frac{1}{r^2}\frac{\partial}{\partial r}\left(r^2\frac{\partial}{\partial r}\right) - \frac{1}{r^2}\Delta_{S^2}$$

が成り立つことに注意する．

以下，Δ_{S^2} の固有値および固有空間を求める．整数 $\ell \geq 0$ に対して

$$\boldsymbol{P}_\ell = \{f = f(q_1, q_2, q_3);\ \ell \text{次の同次多項式}\},$$
$$\boldsymbol{H}_\ell = \{f = f(q_1, q_2, q_3) \in \boldsymbol{P}_\ell;\ \Delta_{\mathbb{R}^3}f = 0\}$$

と置こう．すなわち，$\boldsymbol{H}_\ell$ は ℓ 次の**調和多項式**の空間である．明らかに $\rho(g)(\boldsymbol{H}_\ell) \subset \boldsymbol{H}_\ell$ であるから，$(\rho, \boldsymbol{H}_\ell)$ は $(\rho, L^2(\mathbb{R}^3))$ の部

分表現を与える.

$$P_\ell = \{f|S^2; f \in \boldsymbol{P}_\ell\}, \qquad H_\ell = \{f|S^2; f \in \boldsymbol{H}_\ell\}$$

と置くと，対応 $f \mapsto \widetilde{f} = f|S^2$ は $\boldsymbol{P}_\ell$ から P_ℓ，および $\boldsymbol{H}_\ell$ から H_ℓ への全単射を与える．

例題 2.3 Δ_{S^2} の固有値は $-\ell(\ell+1)\ell=0,1,2,\cdots$ であり，$\ell(\ell+1)$ に対する固有空間は H_ℓ であることを示せ．さらに，$\dim H_\ell = 2\ell+1$ を示せ．

【解】 $f \in \boldsymbol{H}_\ell$ に対して，$\Delta_{S^2}\widetilde{f} = -\ell(\ell+1)\widetilde{f}$ が成り立つことを見よう．

$$f(\boldsymbol{q}) = r^\ell \widetilde{f}\left(\frac{\boldsymbol{q}}{r}\right) \qquad (r = \|\boldsymbol{q}\|)$$

であるから

$$\frac{1}{r^2}\frac{\partial}{\partial r}\left(r^2 \frac{\partial f}{\partial r}\right) = \ell(\ell+1)r^\ell \widetilde{f}$$

となり

$$0 = \Delta_{\mathbb{R}^3} f = \ell(\ell+1)r^{\ell-1}\widetilde{f} + r^{\ell-2}\Delta_{S^2}\widetilde{f}$$

が得られる．$r=1$ と置けば，$\Delta_{S^2}\widetilde{f} = -\ell(\ell+1)\widetilde{f}$ を得る．つぎに直交直和分解

$$P_{2\ell} = H_{2\ell} \oplus H_{2\ell-2} \oplus \cdots \oplus H_0,$$
$$P_{2\ell+1} = H_{2\ell+1} \oplus H_{2\ell-1} \oplus \cdots \oplus H_1$$

を示そう．このためには

$$\boldsymbol{P}_{2\ell} = \boldsymbol{H}_{2\ell} \oplus r^2 \boldsymbol{H}_{2\ell-2} \oplus \cdots \oplus r^{2\ell}\boldsymbol{H}_0,$$
$$\boldsymbol{P}_{2\ell+1} = \boldsymbol{H}_{2\ell+1} \oplus r^2 \boldsymbol{H}_{2\ell-1} \oplus \cdots \oplus r^{2\ell}\boldsymbol{H}_1$$

を示せばよい(ただし，右辺の $\oplus$ は，$L^2(S^2, \mathrm{d}\sigma)$ の内積から誘導される内積に関する直交直和とする)．帰納法を使う．$\boldsymbol{P}_0 = \boldsymbol{H}_0, \boldsymbol{P}_1 = \boldsymbol{H}_1$ は明らか．$k \leq \ell$ のとき $\boldsymbol{P}_k = \boldsymbol{H}_k \oplus r^2 \boldsymbol{P}_{k-2}$ が成り立つと仮定して $\boldsymbol{P}_{\ell+2} = \boldsymbol{H}_{\ell+2} \oplus r^2 \boldsymbol{P}_\ell$ を示す．

帰納法の仮定から，$\boldsymbol{P}_\ell = \boldsymbol{H}_\ell \oplus r^2 \boldsymbol{H}_{\ell-2} \oplus \cdots$ であり，Δ_{S^2} の異なる固

有値に対する固有関数は互いに直交するから，$H_{\ell+2}$ と $r^2 P_\ell$ が直交する．
つぎに，
$$f \in P_{\ell+2}, \quad f \in (r^2 P_\ell)^\perp$$
ならば，$f \in H_{\ell+2}$ となることを示そう．これが示されれば，$P_{\ell+2}=H_{\ell+2}\oplus r^2 P_\ell$ が証明されたことになる．$\Delta_{\mathbb{R}^3} f \in P_\ell$ に注意すれば，
$$\Delta_{\mathbb{R}^3} f \in (H_{\ell-2k})^\perp \qquad (0 \leq 2k \leq \ell)$$
を示せば，帰納法の仮定により $\Delta_{\mathbb{R}^3} f=0$ が結論される．任意の $h \in H_{\ell-2k}$ に対して，
$$\Delta_{S^2}(\widetilde{f}\widetilde{h}) = (\Delta_{S^2}\widetilde{f})\widetilde{h}+2\,\mathrm{grad}\,\widetilde{f}\cdot\mathrm{grad}\,\widetilde{h}+\widetilde{f}(\Delta_{S^2}\widetilde{h})$$
が成り立つことから
$$\begin{aligned}0 &= \int_{S^2}\Delta_{S^2}(\widetilde{f}\widetilde{h})\,\mathrm{d}\sigma \\ &= \int_{S^2}(\Delta_{S^2}\widetilde{f})\widetilde{h}\,\mathrm{d}\sigma+2\int_{S^2}\mathrm{grad}\,\widetilde{f}\cdot\mathrm{grad}\,\widetilde{h}\,\mathrm{d}\sigma+\int_{S^2}\widetilde{f}(\Delta_{S^2}\widetilde{h})\,\mathrm{d}\sigma\end{aligned}$$
帰納法の仮定を使って $\widetilde{h} \in P_\ell$ に注意すれば，$\Delta_{S^2}\widetilde{h}=(\ell-2k)(\ell-2k+1)\widetilde{h}$ および $\widetilde{f} \in (P_\ell)^\perp$ により，$\int_{S^2}\widetilde{f}(\Delta_{S^2}\widetilde{h})\mathrm{d}\sigma=0$ であるから
$$0 = \int_{S^2}(\Delta_{S^2}\widetilde{f})\widetilde{h}\,\mathrm{d}\sigma+2\int_{S^2}\mathrm{grad}\,\widetilde{f}\cdot\mathrm{grad}\,\widetilde{h}\,\mathrm{d}\sigma$$
を得る．
$$\Delta_{S^2}\widetilde{f} = \widetilde{\Delta_{\mathbb{R}^3}f}-\widetilde{\frac{\partial^2 f}{\partial r^2}}-2\widetilde{\frac{\partial f}{\partial r}} = \widetilde{\Delta_{\mathbb{R}^3}f}-(\ell+2)(\ell+3)\widetilde{f}$$
および，仮定 $f \in r^2 P_\ell$ を使えば，
$$\begin{aligned}\int_{S^2}(\Delta_{S^2}\widetilde{f})\widetilde{h}\,\mathrm{d}\sigma &= \int_{S^2}(\widetilde{\Delta_{\mathbb{R}^3}f})\widetilde{h}\,\mathrm{d}\sigma-(\ell+2)(\ell+3)\int_{S^2}\widetilde{f}\,\widetilde{h}\,\mathrm{d}\sigma \\ &= \int_{S^2}(\widetilde{\Delta_{\mathbb{R}^3}f})\widetilde{h}\,\mathrm{d}\sigma\end{aligned}$$
であるから
$$\int_{S^2}(\widetilde{\Delta_{\mathbb{R}^3}f})\widetilde{h}\,\mathrm{d}\sigma = -2\int_{S^2}\mathrm{grad}\,\widetilde{f}\cdot\mathrm{grad}\,\widetilde{h}\,\mathrm{d}\sigma = 2\int_{S^2}\widetilde{f}(\Delta_{S^2}\widetilde{h})\,\mathrm{d}\sigma = 0$$
となる．ここで $\Delta_{S^2}\widetilde{h} \in P_\ell$ および $f \in r^2 P_\ell$ を使った．よって，$\Delta_{\mathbb{R}^3}f \in$

$(\boldsymbol{H}_{\ell-2k})^{\perp}$ が結論された.

ワイエルシュトラス–ストーンの近似定理* によれば, $\sum_{\ell \geq 0} \oplus P_\ell$ は $L^2(S^2)$ において稠密である. $\sum_{\ell \geq 0} \oplus H_\ell = \sum_{\ell \geq 0} \oplus P_\ell$ であるから, $L^2(S^2) = \sum_{\ell \geq 0} \oplus H_\ell$ となり, Δ_{S^2} の固有値は $-\ell(\ell+1)$ ($\ell=0,1,2,\cdots$) からなること, H_ℓ は $-\ell(\ell+1)$ の固有空間であることが結論される. $\dim H_\ell = 2\ell+1$ であることは, $\dim P_k = \dim \boldsymbol{P}_k = \binom{k+2}{2}$ および $\dim H_k = \dim P_k - \dim P_{k-2}$ よりわかる. □

上で述べたことから, 表現 (ρ_0, H_ℓ) は既約である. これを ρ_ℓ^0 により表わそう. こうして, $\ell \geq 0$ が整数の場合には, 前に述べた $SO(3)$ の既約表現の「候補」はすべて実現されることがわかった. さらに, $(\rho, L^2(\mathbb{R}^3))$ の既約分解 $\rho = \sum_{\ell=0}^{\infty} \oplus (\boldsymbol{1} \otimes \rho_\ell^0)$ を得る. $L^2((0,\infty), r^2 dr) \otimes H_\ell (\subset L^2(\mathbb{R}^3))$ に属する状態(波動関数)を, ℓ を**方位量子数**とする状態という.

例題 2.4 $L_3 \in so(3)$ に対して, 角運動量作用素 $\widehat{L}_{3,\hbar}$ を $L^2((0,\infty), r^2 dr) \otimes H_\ell$ に制限したときのスペクトラムは, $2\ell+1$ 個の固有値 $\hbar m$ (m は $|m| \leq \ell$ を満たす整数)からなることを示せ. m は**磁気量子数**とよばれる.

【解】 $d\rho_0(L_3)$ は対角行列 A_3 に対応するから主張は明らかである. □

課題 2.2

(1) $z = q_1 + \sqrt{-1} q_2$ と置くとき, $z^\ell \in \boldsymbol{H}_\ell$, $A_0 z^\ell = \ell z^\ell$ を示せ.

(2) $A_-^\ell z^\ell = g$ と置くとき, $g = f(|z|^2, q_3)$ となる多項式 $f(s,t)$ が存在することを示せ. さらに, $A_+ A_- g = \ell(\ell+1) g$ を示せ.

(3) $P(x) = f(1-x^2, x)$ により定義される多項式 P は, つぎのルジャンドルの微分方程式を満たすことを示せ.

---

* コンパクトなハウスドルフ空間 M 上の連続関数のなす環を $C^0(M)$ とし, R をその部分環とする. R が定数関数 1 を含み, しかも M の 2 点 $x \neq y$ に対して, $f(x) \neq f(y)$ となる $f \in R$ が存在するとき, 一様収束位相に関して $C^0(M)$ の中で R は稠密である.

$$\frac{\mathrm{d}}{\mathrm{d}x}\left((1-x^2)\frac{\mathrm{d}P}{\mathrm{d}x}\right)+\ell(\ell+1)P=0$$

(4) $P(x)=\dfrac{\mathrm{d}^\ell}{\mathrm{d}x^\ell}(1-x^2)^\ell$ を示せ*.

(5) $|m|\leq\ell$ を満たす整数に対して,$P^m(x)=(1-x^2)^{|m|/2}\dfrac{\mathrm{d}^{|m|}}{\mathrm{d}x^{|m|}}P(x)$ と置くとき,$f_\ell^m(\boldsymbol{q})=r^\ell P^m(\cos\theta)\,e^{\sqrt{-1}m\phi}$ とすれば,$f_\ell^m\in\boldsymbol{H}_\ell$ であり,$\widehat{L}_{3,\hbar}f_\ell^m=-m\hbar f_\ell^m$ であることを示せ.

軌道角運動量を一般的見地から見直してみよう.ハミルトン力学系の設定では,古典的な角運動量は $SO(3)$ の $T^*\mathbb{R}^3=\mathbb{R}^3\times\mathbb{R}^3$ への正準変換作用 $A(\boldsymbol{p},\boldsymbol{q})=(A\boldsymbol{p},A\boldsymbol{q})$ に付随する物理量であった**.軌道角運動量に関係する $SO(3)$ の $L^2(\mathbb{R}^3)$ へのユニタリ作用は,この正準変換作用の「量子化」と考えられる.そこで,もっと一般に,$Sp(n,\mathbb{R})$ を $T^*\mathbb{R}^n=\mathbb{R}^n\times\mathbb{R}^n$ の正準線形変換の全体のなす群(n 次の**シンプレクティック群**)として,この $Sp(n,\mathbb{R})$-作用の「量子化」が何であるかを考える.$g=\begin{pmatrix}A&B\\C&D\end{pmatrix}$ のように,$g\in M_{2n}(\mathbb{R})$ を n 次の正方行列に区分けするとき(すなわち,$g\begin{pmatrix}\boldsymbol{p}\\\boldsymbol{q}\end{pmatrix}=\begin{pmatrix}A\boldsymbol{p}+B\boldsymbol{q}\\C\boldsymbol{p}+D\boldsymbol{q}\end{pmatrix}$ とするとき),g が $Sp(n,\mathbb{R})$ に属するための条件は,${}^tAC={}^tCA, {}^tBD={}^tDB, {}^tAD-{}^tCB=I_n$ となることである(実際,g がシンプレクティック形式 $\sum_{i=1}^n dp_i\wedge dq_i$ を不変にすることと,$J=\begin{pmatrix}O&I_n\\-I_n&O\end{pmatrix}$ と置くとき,${}^tgJg=J$ を満たすことは同値であり,今述べた条件はこれを書き下したものである).そこで,まず $g=\begin{pmatrix}A&B\\O&D\end{pmatrix}$ に対して

$$(\rho(g)\psi)(\boldsymbol{q})=|\det D|^{-\frac{1}{2}}\exp\left(\frac{\sqrt{-1}}{2\hbar}BD^{-1}\boldsymbol{q}\cdot\boldsymbol{q}\right)\psi(D^{-1}\boldsymbol{q})$$

と置き,$g=J\bigl(\in Sp(n,\mathbb{R})\bigr)$ に対しては

---

* $\dfrac{1}{2^\ell\ell!}\dfrac{\mathrm{d}^\ell}{\mathrm{d}x^\ell}(x^2-1)^\ell$ は**ルジャンドルの多項式**とよばれる.

** 本講座「物の理・数の理 4」1.4 節,例 8 参照.

$$(\rho(g)\psi)(\boldsymbol{q}) = (2\pi\hbar)^{-\frac{n}{2}} \int_{\mathbb{R}^n} \psi(\boldsymbol{p}) \exp\left(-\frac{\sqrt{-1}}{\hbar}\boldsymbol{q}\cdot\boldsymbol{p}\right) \mathrm{d}\boldsymbol{p}$$

と置く. 少なくとも, ρ は $Sp(n,\mathbb{R})$ の部分群 $Sp^0(n,\mathbb{R}) = \left\{ \begin{pmatrix} A & B \\ O & D \end{pmatrix} \in Sp(n,\mathbb{R}) \right\}$ のユニタリ表現になり, 巡回部分群 $\{I, J, J^2, J^3\}$ のユニタリ表現にもなる. さらに $Sp^0(n,\mathbb{R})$ と $\{I, J, J^2, J^3\}$ は $Sp(n,\mathbb{R})$ を生成し,

$$\rho(g)^{-1}P_i\rho(g) = \sum_{j=1}^n a_{ij}P_j + \sum_{j=1}^n b_{ij}Q_j, \quad \rho(g)^{-1}Q_i\rho(g) = \sum_{j=1}^n d_{ij}Q_j$$
$$(g \in Sp^0(n,\mathbb{R}))$$

$$\rho(J)^{-1}Q_i\rho(J) = P_i, \qquad \rho(J)^{-1}P_i\rho(J) = -Q_i$$

を満たす. しかし, ρ を $Sp(n,\mathbb{R})$ のユニタリ表現に拡張はできない(あえて拡張しようとすれば, 2価表現になる). 実は, ρ は $Sp(n,\mathbb{R})$ の2重被覆群である**メタプレクティック群** $Mp(n,\mathbb{R})$ の表現になるのである([10]参照). この表現はメタプレクティック表現とよばれる*. こうして, $Sp(n,\mathbb{R})$ の $T^*\mathbb{R}^n$ への正準変換作用の量子化は, $M_p(n,\mathbb{R})$ のメタプレクティック表現と考えてよい.

$Sp^0(n,\mathbb{R})$ による正準変換に限る場合は, その量子化としては上で定義した ρ を考えればよい. この場合の古典的ハミルトン関数の変換と量子化されたハミルトニアンの変換の関係を見ておこう. 古典的物理量 $a(\boldsymbol{p},\boldsymbol{q})$ が多項式 $f(\boldsymbol{p},\boldsymbol{q})$ と関数 $u(\boldsymbol{q})$ の和 $f(\boldsymbol{p},\boldsymbol{q})+u(\boldsymbol{q})$ として表わされているとする. 多項式 $f(\boldsymbol{p},\boldsymbol{q})$ の変数の順序を考えて $\boldsymbol{P},\boldsymbol{Q}$ を代入した $f(\boldsymbol{P},\boldsymbol{Q})$ を取り, $A(\boldsymbol{p},\boldsymbol{q})$ に対応する量子力学的物理量を $A(\boldsymbol{P},\boldsymbol{Q}) = f(\boldsymbol{P},\boldsymbol{Q}) + u(\boldsymbol{Q})$ とする**. $g = \begin{pmatrix} A & B \\ O & D \end{pmatrix}$ による変換により, 古典的物理量 $a(\boldsymbol{p},\boldsymbol{q})$ は $a'(\boldsymbol{p},\boldsymbol{q}) = a(A\boldsymbol{p}+B\boldsymbol{q}, D\boldsymbol{q}) = f(A\boldsymbol{p}+B\boldsymbol{q}, D\boldsymbol{q}) + u(D\boldsymbol{q})$ に変換されるが, 量子力学的物理量 $A(\boldsymbol{P},\boldsymbol{Q})$ も

---

* これは, 前に述べた ℓ が半整数の場合の $SO(3)$ の既約表現の候補が, 実際には $SO(3)$ の表現にはならず, $SO(3)$ の2重被覆群の表現になっていることと似た状況である(次節参照).

** $u(\boldsymbol{Q})$ は関数 $u(\boldsymbol{q})$ による掛け算作用素である.

$$A'(\boldsymbol{P}, \boldsymbol{Q}) = f(A\boldsymbol{P}+B\boldsymbol{Q}, D\boldsymbol{Q})+u(D\boldsymbol{Q})$$

に変換されると考えてよい．

$$\begin{aligned}A'(\boldsymbol{P}, \boldsymbol{Q}) &= f(\rho(g)^{-1}\boldsymbol{P}\rho(g), \rho(g)^{-1}\boldsymbol{Q}\rho(g))+\rho(g)^{-1}u(\boldsymbol{Q})\rho(g)\\ &= \rho(g)^{-1}A(\boldsymbol{P}, \boldsymbol{Q})\rho(g)\end{aligned}$$

であるから，$A'(\boldsymbol{P}, \boldsymbol{Q})$ は $A(\boldsymbol{P}, \boldsymbol{Q})$ とユニタリ同値である．f が変数 q を含まない場合は，順序について考慮する必要はないことに注意しておく．

■2.5 スピン角運動量

これまで述べてきた量子力学における物理量には，古典力学の中に対応するものが存在していた．ここで簡単に述べるスピン角運動量は軌道角運動量と異なり，対応する古典的物理量は存在しない．歴史的には，電子の量子力学的振る舞いからウーレンベックとハウトスミットにより導入された概念である（1925年）*．

一言で言えば，スピン角運動量は特殊ユニタリ群 $SU(2)$ のユニタリ表現に関係する物理量である．注目すべきことは，$SU(2)$ のリー環 $su(2)$ は $SO(3)$ のリー環 $so(3)$ と同型であり，リー環としての表現を考える限り，まったく同じ表現をもつことである（実際，下に見るように，前節で述べた $SO(3)$ の既約表現の候補は，すべて $SU(2)$ の表現として実現される）．このことは，スピン角運動量が軌道角運動量と密接な関係があることを意味している．

＊ ディラックは，相対論的量子力学からスピンの存在が自然に導かれることを示した．

$SO(3)$ と $SU(2)$ の群としての関係は,つぎのパウリの行列を使って与えられる.

$$\sigma_1 = \begin{pmatrix} 0 & 1 \\ 1 & 0 \end{pmatrix}, \quad \sigma_2 = \begin{pmatrix} 0 & -\sqrt{-1} \\ \sqrt{-1} & 0 \end{pmatrix}, \quad \sigma_3 = \begin{pmatrix} 1 & 0 \\ 0 & -1 \end{pmatrix}$$

$\mathbb{R}$ 上線形な写像 $\boldsymbol{\sigma} : \mathbb{R}^3 \longrightarrow M_2(\mathbb{C})$ を

$$\boldsymbol{\sigma}(\boldsymbol{x}) = x_1\sigma_1 + x_2\sigma_2 + x_3\sigma_3 \qquad (\boldsymbol{x} = (x_1, x_2, x_3))$$

により定義する.

$$\boldsymbol{\sigma}(\boldsymbol{x}) = \begin{pmatrix} x_3 & x_1 - \sqrt{-1}x_2 \\ x_1 + \sqrt{-1}x_2 & -x_3 \end{pmatrix}$$

であるから,σ は単射であり,σ の像は $\{A \in M_2(\mathbb{C}) ; A^* = A,$ tr $A = 0\}$ である.さらに $\boldsymbol{\sigma}(\boldsymbol{x})\boldsymbol{\sigma}(\boldsymbol{y}) + \boldsymbol{\sigma}(\boldsymbol{y})\boldsymbol{\sigma}(\boldsymbol{x}) = 2(\boldsymbol{x} \cdot \boldsymbol{y})I_3$ が成り立つ.

$g \in SU(2)$ に対して,$g\boldsymbol{\sigma}(\boldsymbol{x})g^{-1} = \boldsymbol{\sigma}(\pi(g)\boldsymbol{x})$ ($\boldsymbol{x} \in \mathbb{R}^3$) を満たす $\pi(g) \in SO(3)$ がただ 1 つ存在する.実際,$A = g\boldsymbol{\sigma}(\boldsymbol{x})g^{-1}$ は $A^* = A$, tr $A = 0$ を満たすから,$\boldsymbol{\sigma}(\boldsymbol{x}') = g\boldsymbol{\sigma}(\boldsymbol{x})g^{-1}$ を満たす $\boldsymbol{x}' \in \mathbb{R}^3$ がただ 1 つ存在する.そこで $\boldsymbol{x}' = \pi(g)\boldsymbol{x}$ と置くと,$\pi(g)$ は $\mathbb{R}$ 上の線形写像であり,

$$\|\pi(g)\boldsymbol{x}\|^2 I_2 = \boldsymbol{\sigma}(\pi(g)\boldsymbol{x})^2 = (g\boldsymbol{\sigma}(\boldsymbol{x})g^{-1})^2 = g\boldsymbol{\sigma}(\boldsymbol{x})^2 g^{-1} = \|\boldsymbol{x}\|^2 I_2$$

となって,$\|\pi(g)\boldsymbol{x}\| = \|\boldsymbol{x}\|$ である.よって $\pi(g)$ は直交行列であるが,$SU(2)$ は連結であるから,$\pi(g) \in SO(3)$ である.

$$SU(2) = \left\{ \begin{pmatrix} a & b \\ -\overline{b} & \overline{a} \end{pmatrix} ; a, b \in \mathbb{C}, |a|^2 + |b|^2 = 1 \right\}$$

であることに注意*.

演習問題 2.7 $g=\begin{pmatrix} a & b \\ -\bar{b} & \bar{a} \end{pmatrix} \in SU(2)$ に対して

$$\pi(g)=\begin{pmatrix} \frac{1}{2}(\bar{a}^2-\bar{b}^2+a^2-b^2) & \frac{\sqrt{-1}}{2}(\bar{a}^2+\bar{b}^2-a^2-b^2) & -(\bar{a}\bar{b}+ab) \\ \frac{1}{2\sqrt{-1}}(\bar{a}^2-\bar{b}^2-a^2+b^2) & \frac{1}{2}(\bar{a}^2+\bar{b}^2+a^2+b^2) & \sqrt{-1}(\bar{a}\bar{b}-ab) \\ \bar{a}b+a\bar{b} & \sqrt{-1}(\bar{a}b-a\bar{b}) & |a|^2-|b|^2 \end{pmatrix}$$

が成り立つことを示せ.さらに,π は全射であり,Ker $\pi=\{\pm I_2\}$ であることを確かめよ.

$SU(2)$ のリー環は $su(2)=\{A \in M_2(\mathbb{C}); A+A^*=O, \text{tr } A=0\}$ により与えられる.さらに,

$$su(2) = \left\{ \begin{pmatrix} \sqrt{-1}s & z \\ -\bar{z} & -\sqrt{-1}s \end{pmatrix}; s\in\mathbb{R}, z=x+\sqrt{-1}y \in \mathbb{C} \right\}$$

と表わすことができる.ところで $\exp(tX)\boldsymbol{\sigma}(\boldsymbol{x})\exp(-tX) = \boldsymbol{\sigma}(\pi(\exp tX)\boldsymbol{x})$ の両辺を微分して,$[X,\boldsymbol{\sigma}(\boldsymbol{x})]=\boldsymbol{\sigma}(d\pi(X)\boldsymbol{x})$ を得るから,これを使えば

$$d\pi\begin{pmatrix} \sqrt{-1}s & z \\ -\bar{z} & -\sqrt{-1}s \end{pmatrix} = \begin{pmatrix} 0 & 2s & -2x \\ -2s & 0 & 2y \\ 2x & -2y & 0 \end{pmatrix}$$

とくに,$d\pi: su(2) \longrightarrow so(3)$ はリー環の同型写像となることがわかる.$\sqrt{-1}\sigma_i$ は $su(2)$ の元であること,および $d\pi(\sqrt{-1}\sigma_i)=-2L_i$ $(i=1,2,3)$ に注意しよう(L_i の定義については 2.4 節を

---

* とくに,$SU(2)$ は 3 次元球面と同相であり,よって単連結である.

見よ）．

$\ell=0, \dfrac{1}{2}, 1, \dfrac{3}{2}, \cdots$ とし，$n=2\ell$ と置く．$SU(2)$ の $n+1$ 次元既約表現を以下のように構成する．$g=\begin{pmatrix} a & b \\ -\overline{b} & \overline{a} \end{pmatrix}$ に対して，$n+1$ 次の正方行列 $\rho_\ell(g)=\bigl(u_{ij}(g)\bigr)$ $(i,j=0,1,\cdots,n)$ を

$$(ax+by)^{n-i}(-\overline{b}x+\overline{a}y)^i = \sum_{j=0}^n \binom{n}{i}^{-\frac{1}{2}} \binom{n}{j}^{\frac{1}{2}} u_{ij}(g)x^{n-j}y^j$$

により定める．$g_i=\begin{pmatrix} a_i & b_i \\ -\overline{b}_i & \overline{a}_i \end{pmatrix}$, $(i=1,2)$ に対して，$\begin{pmatrix} X \\ Y \end{pmatrix}=g_2\begin{pmatrix} x \\ y \end{pmatrix}$ と置く．

$$(a_1 X+b_1 Y)^{n-i}(-\overline{b}_1 X+\overline{a}_1 Y)^i$$
$$= \sum_{k=0}^n \binom{n}{i}^{-\frac{1}{2}} \binom{n}{k}^{\frac{1}{2}} u_{ik}(g_1)X^{n-k}Y^k$$
$$= \sum_{k=0}^n \binom{n}{i}^{-\frac{1}{2}} \binom{n}{k}^{\frac{1}{2}} \sum_{j=0}^n \binom{n}{k}^{-\frac{1}{2}} \binom{n}{j}^{\frac{1}{2}} u_{ik}(g_1)u_{kj}(g_2)x^{n-j}y^j$$
$$= \sum_{k=0}^n \sum_{j=0}^n \binom{n}{i}^{-\frac{1}{2}} \binom{n}{j}^{\frac{1}{2}} u_{ik}(g_1)u_{kj}(g_2)x^{n-j}y^j$$

であり，他方 $g_1\begin{pmatrix} X \\ Y \end{pmatrix}=g_1 g_2\begin{pmatrix} x \\ y \end{pmatrix}$ であるから

$$(a_1 X+b_1 Y)^{n-i}(-\overline{b}_1 X+\overline{a}_1 Y)^i = \sum_{j=0}^n \binom{n}{i}^{-\frac{1}{2}} \binom{n}{j}^{\frac{1}{2}} u_{ij}(g_1 g_2)x^{n-j}y^j$$

となって，$u_{ij}(g_1 g_2)=\sum_{k=0}^n u_{ik}(g_1)u_{kj}(g_2)$ すなわち ρ_ℓ は準同型を与えることがわかる．

ρ_ℓ がユニタリ表現であることを確かめる．$X=\begin{pmatrix} \sqrt{-1}s & z \\ -\overline{z} & -\sqrt{-1}s \end{pmatrix} \in su(2)$ として，$\exp tX=\begin{pmatrix} a_t & b_t \\ -\overline{b_t} & \overline{a_t} \end{pmatrix}$ と置くとき，

$$\left.\dfrac{d}{dt}\right|_{t=0}(a_t x+b_t y)^{n-i}(-\overline{b_t}x+\overline{a_t}y)^i$$
$$= (n-2i)\sqrt{-1}x^{n-i}y^i + (n-i)zx^{n-i-1}y^{i+1} - i\overline{z}x^{n-i+1}y^{i-1}$$

---「代数の時代」としての 19 世紀---

　19 世紀は，ガウス，ボヤイ，ロバチェフスキーらによる非ユークリッド幾何学の発見，ポンスレによる射影幾何学の勃興，リーマンによる多様体の概念の創始など，「幾何学の時代」というのが大方の見方である．しかし，幾何学に較べて「派手」ではないものの，19 世紀は「代数の時代」ともいえる．1844 年には，現代の微分形式の理論に欠かせない「外積代数」がグラスマンにより研究され，1878 年と 1882 年にはクリフォードにより，今日**クリフォード代数**とよばれる代数系が考察された．さらに，ハミルトン*は，複素数の概念を拡張する形で，4 元数体 $\boldsymbol{H}$ を発見した(1843 年)．これは，乗法の規則 $i^2=j^2=k^2=-1, ij=k, jk=i, ki=j$ を満たす「単位」i, j, k により，$a+bi+cj+dk$ $(a,b,c,d \in \mathbb{R})$ と表わされる仮想的な数からなる代数系である．

　現代的な観点からは，グラスマンとクリフォードの代数系はつぎのように統一的に構成することができる．V を有限次元線形空間とするとき，まずテンソル代数 $T(V)$ を

$$T(V) = \mathbb{R} \oplus V \oplus (V \otimes V) \oplus (V \otimes V \otimes V) \oplus \cdots$$

により定義する．$T(V)$ の両側イデアル $\mathcal{I}_i$ $(i=1,2,3)$ を

であるから，$d\rho_\ell(X)=(w_{ij})$ と置けば

$$w_{ij} = \begin{cases} (n-2i)\sqrt{-1}s & (i=j) \\ \binom{n}{i}^{\frac{1}{2}} \binom{n}{i+1}^{-\frac{1}{2}} (n-i)z & (j=i+1) \\ -\binom{n}{i}^{\frac{1}{2}} \binom{n}{i-1}^{-\frac{1}{2}} i\bar{z} & (j=i-1) \\ 0 & (\text{その他の場合}) \end{cases}$$

明らかに $w_{ij}+\overline{w_{ji}}=0$ が成り立つから，$d\rho_\ell(X)$ は歪エルミート行列であり，よって ρ_ℓ はユニタリ表現である．

　今の計算から，A_i $(i=1,2,3)$ を 2.4 節で与えた行列とするとき

$$\mathcal{I}_i = \begin{cases} \boldsymbol{x} \otimes \boldsymbol{x} \ (\boldsymbol{x} \in V) \text{ により生成されるイデアル} & (i=1) \\ \boldsymbol{x} \otimes \boldsymbol{x} - \|\boldsymbol{x}\|^2 \ (\boldsymbol{x} \in V) \text{ により生成されるイデアル} & (i=2) \\ \boldsymbol{x} \otimes \boldsymbol{x} + \|\boldsymbol{x}\|^2 \ (\boldsymbol{x} \in V) \text{ により生成されるイデアル} & (i=3) \end{cases}$$

により定める.ただし,$i=2,3$ の場合は,V に内積を入れておく.このとき,$T(V)/\mathcal{I}_1$ は外積代数であり,$T(V)/\mathcal{I}_i$ $(i=1,2)$ がクリフォード代数である.V の次元が 3 のときには,$T(V)/\mathcal{I}_2$ は行列環 $M_2(\mathbb{C})$ と同型であり,$T(V)/\mathcal{I}_3$ は 4 元数体の直和 $\boldsymbol{H} \oplus \boldsymbol{H}$ と同型である.本節で述べた事柄は,クリフォード代数 $T(V)/\mathcal{I}_2$ に関連している.実際,クリフォード代数を使うことにより,$SU(2)$ の一般化であるスピン群が定義される.スピンという物理的概念が,19 世紀に見出された代数系に結びつくことは,数学と物理の密接な関係を物語っていて興味深い.なお,ディラックによる相対論的なスピン理論は,$\dim V = 4$ のときにミンコフスキー計量を入れたときのクリフォード代数に関係する.

---

* ハミルトン力学系のハミルトンと同一人物である.

$$d\rho_\ell \left(\frac{1}{2\sqrt{-1}} \sigma_i \right) = A_i$$

であることが容易に確かめられる.よって,ρ_ℓ は既約であり,2.4 節で挙げた既約表現の候補は,すべて $SU(2)$ の表現として実現されたことになる.$\rho_\ell(-I_2) = (-1)^n I_{n+1}$ であることに注意しよう.$\mathrm{Ker}\,\pi = \{\pm I_2\}$ であることを使えば,このことは,$\ell \geq 0$ が整数であれば $\rho_\ell = \pi \circ \rho_\ell^0$ となるような $SO(3)$ の表現 ρ_ℓ^0 が存在することを意味する.この ρ_ℓ^0 は前節で構成した $SO(3)$ の表現にユニタリ同値である.

半整数 $\ell = \dfrac{1}{2}, \dfrac{3}{2}, \dfrac{5}{2}, \cdots$ に対する ρ_ℓ は**スピン表現**とよばれ*,その表現空間の元は**スピノール**とよばれる.$\ell = 1/2$ の場合,$\rho_{1/2}$ の表現空間は $\mathbb{C}^2$ であり,$\rho_{1/2} : SU(2) \longrightarrow U(2)$ は包含写像に一致する(すなわち,$\rho_{1/2}$ は $SU(2)$ の $\mathbb{C}^2$ への自然な作用により定まる表現である).

粒子の中には,$\mathbb{R}^3$ 上の波動関数により表わされる状態(軌道運動を表現する状態)以外に,それ自身の内部自由度を表わす状態をもつものがある.この状態は,スピノールで表現される.その対称性を表わすのが,スピン表現である.電子の場合は,$\rho_{1/2}$ に対するスピノール($\mathbb{C}^2$ の元)が状態を表わし,対称性から得られる物理量 $\dfrac{\hbar}{\sqrt{-1}} d\rho_{1/2}(X)$ は**スピン角運動量**とよばれる.スピン角運動量は軌道角運動量とまったく同じ交換関係を満たすが,軌道角運動量と異なり,スピン角運動量の固有値は 2 つしかない.軌道運動も同時に考えれば,$\mathbb{C}^2$ に値を取る L^2 関数のなす空間 $\mathcal{H} = L^2(\mathbb{R}^3, \mathbb{C}^2) = L^2(\mathbb{R}^3) \otimes \mathbb{C}^2$ が状態を表わすヒルベルト空間であり,対称性は

$$\bigl(\rho(g)\psi\bigr)(\boldsymbol{q}) = \rho_{\frac{1}{2}}(g)\psi\bigl(\pi(g)^{-1}\boldsymbol{q}\bigr) = g\psi\bigl(\pi(g)^{-1}\boldsymbol{q}\bigr)$$
$$(g \in SU(2))$$

により定義されるユニタリ表現 $\bigl(\rho, L^2(\mathbb{R}^3, \mathbb{C}^2)\bigr)$ で与えられる.これに付随する物理量は**全角運動量**とよばれる.$S_i = \dfrac{1}{2\sqrt{-1}} \sigma_i \in su(2)$ と置けば,$d\pi(S_i) = L_i$ であるから,

$$\widehat{S}_{i,\hbar}\left(= \dfrac{\hbar}{\sqrt{-1}} d\rho(S_i)\right) = -\dfrac{\hbar}{2}\sigma_i + \widehat{L}_{i,\hbar}$$

---

* $\ell = 1/2$ のときに限ってスピン表現とよぶこともある.

が成り立つ*.

　スピン角運動量は,古典的対応物がないこともあって直観的理解を著しく困難にするが**,量子力学では必須な概念である.シュテルン-ゲルラッハによる「不均一磁場内で原子ビームが2つに分裂する」ことを確かめた実験(1922年)や原子スペクトルの多重項など,スピンという電子の内部自由度を認めることにより初めて説明が可能になることが多いのである(3.5節を見よ).

---

　* $\widehat{L}_{i,\hbar}$ の場合と同様に,物理学のテキストでは符号を替えた $\frac{2}{\hbar}\sigma_i - \widehat{L}_{i,\hbar}$ を全角運動量とすることが多い.
　** スピンを電子の「自転」になぞらえて説明することがあるが,これには物理的正当性はない.

3
量子力学の正当性

　前章でいくつかの古典力学の量子化を考察した．量子力学の成功は，これらの量子化により古典力学では説明不能な実験結果を説明可能にしたことにある．本章では，1.1 節の冒頭で述べた空洞放射，原子の安定性，水素原子のスペクトルに関する量子力学的取り扱いについて解説し，さらにアハロノフ-ボーム効果，磁気単極子の量子化，スピンをもつ場合のシュレーディンガー方程式について簡単に触れる．ここで述べることは，より進んだ量子理論であるゲージ理論への出発点にもなっている．

■3.1 水素原子のスペクトル

　一般に，中心力による 2 体問題に対するハミルトン関数は

$$H = \frac{1}{2m_1}\|\boldsymbol{p}_1\|^2 + \frac{1}{2m_2}\|\boldsymbol{p}_2\|^2 + U(\|\boldsymbol{q}_2 - \boldsymbol{q}_1\|)$$

により与えられる．とくにクーロン力の場合は $U(r) = \dfrac{e_1 e_2}{4\pi\epsilon_0} \dfrac{1}{r}$ である．つぎのような正準変換を行おう．

$$\boldsymbol{q}'_1 = \boldsymbol{q}_2 - \boldsymbol{q}_1, \qquad \boldsymbol{q}'_2 = \frac{\mu}{m_2}\boldsymbol{q}_1 + \frac{\mu}{m_1}\boldsymbol{q}_2,$$

$$\boldsymbol{p}'_1 = -\frac{\mu}{m_1}\boldsymbol{p}_1 + \frac{\mu}{m_2}\boldsymbol{p}_2, \qquad \boldsymbol{p}'_2 = \boldsymbol{p}_1 + \boldsymbol{p}_2$$

ここで，$\mu = \dfrac{m_1 m_2}{m_1 + m_2}$ である．このとき，ハミルトン関数は

$$\frac{1}{2\mu}\|\boldsymbol{p}'_1\|^2 + U(\|\boldsymbol{q}'_1\|) + \frac{1}{2(m_1+m_2)}\|\boldsymbol{p}'_2\|^2$$

と表わされる．この最後の項は慣性中心の運動に対するハミルトン関数であるから，慣性中心が静止していると仮定して，この項を取り除く．改めて $\boldsymbol{q}'_1$, $\boldsymbol{p}'_1$ を $\boldsymbol{q}$, $\boldsymbol{p}$ により表わすと，ハミルトニアンは

$$\widehat{H} = -\frac{\hbar^2}{2\mu}\Delta_{\boldsymbol{p}} + U(\|\boldsymbol{q}\|)$$

により与えられる．軌道角運動量(作用素)は，$\widehat{H}$ に対する保存量であることに注意する．極座標を使えば

$$\widehat{H} = -\frac{\hbar^2}{2\mu}\left(\frac{\partial^2}{\partial r^2} + \frac{2}{r}\frac{\partial}{\partial r}\right) - \frac{\hbar^2}{2\mu}\frac{1}{r^2}\Delta_{S^2} + U(r)$$

と表わされる．分解 $L^2(\mathbb{R}^3) = \sum_{\ell=0}^{\infty} \oplus L^2((0,\infty), r^2 \mathrm{d}r) \otimes H_\ell$ に注意して，$\widehat{H}$ を $L^2((0,\infty), r^2 \mathrm{d}r) \otimes H_\ell$ に制限すれば(換言すれば，方位量子数 ℓ をもつ状態に制限すれば)，

$$\widehat{H} = \left[-\frac{\hbar^2}{2\mu}\left(\frac{\partial^2}{\partial r^2} + \frac{2}{r}\frac{\partial}{\partial r} - \frac{1}{r^2}\ell(\ell+1)\right) + U(r)\right] \otimes I_{H_\ell}$$

を得る．したがって，$\widehat{H}$ の固有値を求めるには，固有方程式

$$-\frac{\hbar^2}{2\mu}\left(\frac{\mathrm{d}^2}{\mathrm{d}r^2} + \frac{2}{r}\frac{\mathrm{d}}{\mathrm{d}r} - \frac{1}{r^2}\ell(\ell+1)\right)f(r) + U(r)f(r) = Ef(r)$$

$$(f \in L^2((0,\infty), r^2 \mathrm{d}r))$$

を考えればよい．未知関数の変換 $h(r) = rf(r)$ を行うと，$h \in L^2((0,\infty), \mathrm{d}r)$ であり，h はつぎの方程式を満たす．

$$h''(r)-\frac{\ell(\ell+1)}{r^2}h'(r)-\frac{2\mu}{\hbar^2}U(r)h(r)=-\frac{2\mu}{\hbar^2}Eh(r)$$

クーロン・ポテンシャル

$$U(r)=-\frac{Z}{r}\quad\left(Z=-\frac{e_1e_2}{4\pi\epsilon_0}>0\right)$$

の場合を扱おう．これからは負の固有値 ($E<0$) に限定して考える*．$\kappa=\left(\dfrac{2\mu|E|}{\hbar^2}\right)^{1/2}$ と置き，再度未知関数の変換 $h(r)=r^{\ell+1}\mathrm{e}^{-\kappa r}F(2\kappa r)$ を行うと，

$$xF''(x)+(2(\ell+1)-x)F'(x)+\left(\frac{\mu Z}{\kappa\hbar^2}-(\ell+1)\right)F(x)=0$$

が得られる．ただし，F は

$$\int_0^\infty x^{2\ell+2}\mathrm{e}^{-x}F(x)^2\mathrm{d}x<\infty \tag{3.1}$$

を満たさなければならない．

$$\alpha=2(\ell+1)\ (\geq 2),\qquad \nu=\frac{\mu Z}{\kappa\hbar^2}-(\ell+1)$$

と置けば，つぎの形の方程式(**ラゲールの微分方程式**)になる．

$$xF''(x)+(\alpha-x)F'(x)+\nu F(x)=0 \tag{3.2}$$

方程式(3.2)が条件(3.1)を満たす解 F をもつための必要十分条件は $\nu=0,1,2,\cdots$ となることである．これを証明するには，(合流型)超幾何微分方程式の理論を援用して，(3.2)がつぎのような基本解をもつことに注意する([7]参照)．

$$F_1(x)=\sum_{n=0}^\infty a_n x^n,\quad F_2(x)=(\log x)G(x)+H(x)$$

---

* 実は正の固有値は存在しないこと，さらに $[0,\infty)$ が連続スペクトルとして現れることが証明されるのだが，本書では説明を略す．

ここで $F_1(x), G(x)$ は原点の周りで解析的であり,$H(x)$ は $x=0$ の近くで $H(x)|\leq Cx^\beta$ を満たす.任意の解は,これらの線形結合であるが,条件(3.1)を満たす可能性のある解は F_1 の定数倍のみである.F_1 の級数展開を(3.2)に代入して,係数 $\{a_n\}$ の条件を求めれば,

$$\alpha a_1 + \nu a_0 = 0,$$
$$n(n+1)a_{n+1} + \alpha(n+1)a_{n+1} - na_n + \nu a_n = 0$$

となるから,$\nu \geq 0$ が整数であれば,$a_\nu = a_{\nu+1} = \cdots = 0$ であり,明らかに F_1 は条件(3.1)を満たす.$\nu \neq 0, 1, 2, \cdots$ のときは,漸化式

$$a_1 = -\frac{\nu}{\alpha}a_0, \quad a_{n+1} = \frac{n-\nu}{(n+1)(n+\alpha)}a_n$$

を得る.$\left|\dfrac{a_{n+1}}{a_n}\right| \to 0$ であるから,$F_1(x)$ の収束半径は無限大であり,しかも,$n>\nu$ のとき,$\{a_n\}$ はすべて同符号である.さらに,$1>C>1/2$ である C が存在して,十分大きい n_0 を取れば,

$$\frac{n-\nu}{(n+1)(n+\alpha)} \geq \frac{C}{n} \quad (n \geq n_0)$$

が成り立つ.そこで,正数列 $\{b_n\}_{n=0}^\infty$ を,$b_{n_0}=|a_{n_0}|, b_{n+1}=\dfrac{C}{n}b_n$ により定めれば,$|a_n|\geq b_n$ $(n\geq n_0)$ となる.よって,$x\geq 0$ において

$$|F_1(x)| \geq \left|\sum_{n=n_0}^\infty a_n x^n\right| - \left|\sum_{n=0}^{n_0-1} a_n x^n\right| \geq b_0 e^{cx} - (多項式)$$

が成り立ち,$F_1(x)$ は条件(3.1)を満たさないことがわかる.

こうして,$E<0$ が $\widehat{H}$ の固有値であるための条件は,

$$\frac{\mu Z}{\kappa \hbar^2} - (\ell+1) = n \quad (n=0,1,2,\cdots)$$

前期量子論

　量子力学が確立する前，ラザフォードの弟子であったボーアは，師の原子模型に基づいて水素原子のスペクトル線の構造を説明するため，つぎのような仮説を置いた(1913年).

(1) 電子は特別な軌道上のみで安定的に運動し，この軌道上にある限り光を放出しない．この軌道を半径 r の円周とすれば，

$$2\pi \cdot mvr = Nh \quad (N = 1, 2, 3, \cdots)$$

を満たさなければならない(m は電子の質量であり，mvr は角運動量であることに注意).

(2) エネルギー E_1 をもつ軌道からエネルギー E_2 をもつ軌道に電子が移るとき，$h\nu = E_1 - E_2$ によって決められる振動数 ν の光の放出($E_1 > E_2$ の場合)または吸収($E_1 < E_2$ の場合)が起こる．

　仮説(2)は，確かに量子力学から理論的に導かれる．仮説(2)(ボーアの量子条件)については，古典力学と量子力学を「強引」に結びつければ，つぎのように説明することができる．1.1節で述べた古典的な意味での力学的エネルギー(1.2)が，エネルギー固有値に一致していると仮定すると $-\dfrac{me^4}{8\epsilon_0^2 h^2}\dfrac{1}{N^2} = -\dfrac{e^2}{8\pi\epsilon_0 r}$ であるから，$r = \dfrac{\epsilon_0 h^2}{\pi m e^2} N^2$ を得る．また，運動方程式 $mv^2 = \dfrac{e^2}{4\pi\epsilon_0 r}$ から，$v = \dfrac{e^2}{2\epsilon_0 hN}$ が導かれ，これと併せればボーアの量子条件が得られる．

　量子力学は，前期量子論における「半古典的」解釈を乗り越えることにより，完全な理論に達することができたのである．

となることである．$N = n + \ell + 1$ と置けば

$$|E| = \frac{\mu Z^2}{2\hbar^2}\frac{1}{N^2} \quad (N = 1, 2, 3, \cdots)$$

となり，E に対応する固有振動数 ν については次式を得る．

$$\nu = |E|h^{-1} = \frac{2\pi^2 \mu Z^2}{h^3}\frac{1}{N^2} = \frac{\mu e_1^2 e_2^2}{8\epsilon_0^2 h^3}\frac{1}{N^2}$$

N は**主量子数**とよばれる.主量子数 N のエネルギー固有値の重複度は $\sum_{\ell=0}^{N-1}(2\ell+1)=N^2$ である.固有状態は,主量子数,方位量子数,磁気量子数の組 (N,ℓ,m) で記述される*.水素原子**については,$-e_1=e_2=e$ であるから,$\nu=\dfrac{\mu e^4}{8\epsilon_0^2 h^3}\dfrac{1}{N^2}$ となり,1.1 節で説明した実験結果と一致する.

3.2 空洞輻射

振動数 ν をもつ調和振動子に対するハミルトニアンの固有値は

$$h\nu\left(n+\frac{1}{2}\right) \qquad (n=0,1,2,\cdots)$$

となることを思い出そう.したがって,$\theta=1/kT$ とするとき,その分配関数は

$$Z(\theta) = \sum_{n=0}^{\infty} \exp\left[-h\nu\left(n+\frac{1}{2}\right)\theta\right] = \frac{e^{h\nu\theta/2}}{e^{h\nu\theta}-1}$$

により与えられ,ギブス分布に対する内部エネルギーは

$$U = -\frac{d}{d\theta}\log Z = \frac{1}{2}h\nu + \frac{h\nu}{e^{h\nu\theta}-1}$$

となる.右辺の第 1 項は**零点エネルギー**とよばれる項であり,絶対温度 T にはよらない***.以下,零点エネルギーは除いて考える.

空洞放射における電磁場の方程式は,互いに独立な調和振動子系と等価であるから,固有振動数が ν 以下の調和振動子から

---

* 歴史的事情から,$N=1,\ell=0$ を $1s$ 状態,$N=2,\ell=0$ を $2s$ 状態,$N=2,\ell=1$ を $2p$ 状態,$N=3,\ell=0$ を $3s$ 状態などという.

** 電子のスピンは考慮に入れない.

*** 零点エネルギーは,不確定性原理により振動を行う質点が完全には静止しえないことから生じるエネルギーである.

なる系の内部エネルギー $U(\nu)$ は,その加法的性質から

$$U(\nu) = \int_0^\nu \frac{h\nu}{e^{h\nu\theta}-1} d\varphi(\nu)$$

により与えられる.これは 1.1 節で述べた空洞放射の内部エネルギーに対するプランクの公式に他ならない.ここで,$\varphi(\nu)$ は ν 以下の固有振動数の数を表わし,漸近挙動 $\varphi(\nu) \sim \dfrac{8}{3}\dfrac{\pi \operatorname{vol}(D)}{c^3}\nu^3$ ($\nu \uparrow \infty$) を満たしている.

例題 3.1(プランクの公式の古典近似) $\displaystyle\lim_{h \downarrow 0} U(\nu) = kT\varphi(\nu)$ を示せ.

【解】 $x = h\nu/kT$ と置き,$x \downarrow 0$ とするとき

$$\frac{h\nu}{e^{h\nu/kT}-1} - kT = kT\left(\frac{x}{e^x-1}-1\right)$$

は有限区間で一様に 0 に近づく.よって

$$\lim_{h \downarrow 0} U(\nu) = kT\int_0^\nu d\varphi(\nu) = kT\varphi(\nu) \qquad \square$$

例題 3.2(シュテファン–ボルツマンの法則) $U(\infty) = \displaystyle\lim_{\nu \to \infty} U(\nu)$ とするとき,$\displaystyle\lim_{T \to \infty} T^{-4}U(\infty) = \dfrac{8\pi^5 k^4}{15c^3 h^3}\operatorname{vol}(D)$ を示せ.

【解】

$$T^{-4}U(\infty) = \int_0^\infty \frac{h\nu}{e^{h\nu/kT}-1} d\varphi(\nu) = K\int_0^\infty \frac{h\nu/kT}{e^{h\nu/kT}-1} T^{-3} d\varphi(\nu)$$

$$= k\int_0^\infty \frac{x}{e^x-1} T^{-3} d\varphi\left(\frac{kT}{h}x\right)$$

および $\displaystyle\lim_{T \to \infty} T^{-3}\varphi\left(\frac{kT}{h}x\right) = \dfrac{8}{3}\dfrac{\pi \operatorname{vol}(D)k^3}{c^3 h^3}x^3$ に注意すれば

$$\lim_{T \to \infty} T^{-4}U(\infty) = \frac{8\pi \operatorname{vol}(D)k^4}{c^3 h^3}\int_0^\infty \frac{x^3}{e^x-1}dx = \frac{8\pi^5 k^4}{15c^3 h^3}\operatorname{vol}(D)$$

最後の等式については,つぎの 2 つの事実を使う.

(1) $\displaystyle\int_0^\infty \frac{x^{\alpha-1}}{e^x-1}dx = \Gamma(\alpha)\zeta(\alpha)$.ここで,$\zeta(s) = \sum_{n=1}^\infty n^{-s}$ はゼータ関数を表わす.

(2) 自然数 n に対して $\zeta(2n) = \dfrac{(2\pi)^{2n}}{2(2n)!}B_{2n}$ であり,B_n は

$$\frac{t}{e^t-1} = \sum_{n=0}^{\infty} B_n \frac{t^n}{n!}$$

により定められるベルヌーイ数を表わす.とくに

$$\int_0^\infty \frac{x^3}{e^x-1}\,dx = 3!\zeta(4) = 3!\frac{\pi^4}{90} = \frac{\pi^4}{15} \qquad \square$$

演習問題 3.1 自然数 $n>1$ に対して $\int_0^\infty \frac{x^n e^x}{(e^x-1)^2}dx=n!\zeta(n)$ が成り立つことを示せ.

■3.3 アハロノフ-ボーム効果

2.1節で,$H^1(M,\mathbb{R})=\{0\}$ をみたす多様体 M で定義された磁場の場合,ハミルトニアンのユニタリ同値類はベクトル・ポテンシャルの取り方によらずに定まることを見た.しかし,$H^1(M,\mathbb{R})\neq\{0\}$ の場合には,ベクトル・ポテンシャルの取り方によることがある.この事実に類することは,異なる文脈の下でアハロノフとボームによる思考実験により指摘された(1959年).これをアハロノフ-ボーム効果(AB効果)という.AB効果は,量子力学においては,磁場よりベクトル・ポテンシャルの方が,より本質的な物理的対象であることを示唆している.

つぎのような数学的モデルを考えよう.M を閉じたリーマン多様体として,$H^1(M,\mathbb{R})\neq\{0\}$ と仮定する.恒等的に0であるような磁場に対する M 上のベクトル・ポテンシャル $A\not\equiv 0$ を取る $(dA=0)$.一方,$A_0\equiv 0$ もベクトル・ポテンシャルである.A に対応するハミルトニアンを $\widehat{H}_\hbar$,A_0 に対応するハミルトニアンを $\widehat{H}_{0,\hbar}\left(=-\frac{\hbar^2}{2}\Delta_M\right)$ とする.

例題 3.3 $\widehat{H}_\hbar$ が $\widehat{H}_{0,\hbar}$ とユニタリ同値であるための必要十分条件は,M の中の任意の閉曲線 C に対して

$$\int_C A \in 2\hbar\pi\mathbb{Z} \tag{3.3}$$

であることを示せ*.

【解】 まず,$\widehat{H}_\hbar$ と $\widehat{H}_{0,\hbar}$ がユニタリ同値と仮定する.このときスペクトラム $\sigma(\widehat{H}_\hbar)$ と $\sigma(\widehat{H}_{0,\hbar})$ は一致するから,$\widehat{H}_{0,\hbar}$ の固有値である 0 は $\widehat{H}_\hbar$ の固有値でもある.よって,$\widehat{H}_\hbar\varphi=0$ となる関数 $\varphi\neq 0$ が存在する.

$$0 = \langle \widehat{H}_\hbar \varphi, \varphi \rangle = \frac{1}{2}\int_M \|(\hbar d - \sqrt{-1}A)\varphi\|^2 \, dv_g$$

であるから,$\hbar\, d\varphi = \sqrt{-1}A\varphi$ である.

$$\hbar\, d|\varphi|^2 = \hbar\, \overline{\varphi}d\varphi + \hbar\, \varphi d\overline{\varphi} = \sqrt{-1}A|\varphi|^2 - \sqrt{-1}|\varphi|^2 A = 0$$

に注意すれば,$|\varphi|=$ 定数 > 0 を得る.よって

$$\int_C \sqrt{-1}A = \hbar \int_C \frac{d\varphi}{\varphi} \in 2\hbar\pi\sqrt{-1}\mathbb{Z}$$

となるから,必要条件が得られた.

逆に (3.3) が成り立つとしよう.x_0 を固定し,関数 φ を

$$\varphi(x) = \exp\Big(\frac{\sqrt{-1}}{\hbar}\int_{x_0}^x A\Big)$$

により定義する.条件 (3.3) から,この定義は x_0 と x を結ぶ曲線の取り方には依存しない.さらに $\hbar\, d\varphi = \sqrt{-1}A\varphi$ が成り立つ.これからただちに $\nabla_\hbar(\varphi f) = \varphi df$ が得られ,任意の関数 f に対して

$$\widehat{H}_\hbar(\varphi f) = \frac{\hbar^2}{2}\nabla_\hbar^*(\varphi df) = \frac{\hbar^2}{2}\Big(d^*(\varphi df) + \frac{\sqrt{-1}}{\hbar}\varphi\langle A, df\rangle\Big)$$

$$= \frac{\hbar^2}{2}\Big(\varphi d^*df - \langle d\varphi, df\rangle + \frac{\sqrt{-1}}{\hbar}\varphi\langle A, df\rangle\Big)$$

$$= -\varphi\frac{\hbar^2}{2}\Delta_M f = \varphi\widehat{H}_{0,\hbar}f$$

となる.これは $\widehat{H}_\hbar$ と $\widehat{H}_{0,\hbar}$ がユニタリ同値であることを意味する. □

アハロノフとボームが考えた,より現実的な思考実験では,つぎのよう

---

* 言い換えれば,$\Big[\dfrac{1}{2\pi\hbar}A\Big] \in H'(M,\mathbb{Z})$ となることである.

3.3 アハロノフ-ボーム効果

な状況を考えている．q_3 軸を中心軸とする半径 1 の円柱面 L を考え，それに電線を巻きつけたソレノイド（コイル）により，つぎのような磁場を作る*．

$$B = \begin{cases} b\,dq_1 \wedge dq_2 & (q_1{}^2 + q_2{}^2 \leq 1) \\ 0 & (q_1{}^2 + q_2{}^2 > 1) \end{cases}$$

そのベクトル・ポテンシャル A として

$$A = \begin{cases} \dfrac{b}{2}(q_1 dq_2 - q_2 dq_1) & (q_1{}^2 + q_2{}^2 \leq 1) \\ \dfrac{b}{2}(q_1{}^2 + q_2{}^2)^{-1}(q_1 dq_2 - q_2 dq_1) & (q_1{}^2 + q_2{}^2 > 1) \end{cases}$$

を考えよう．L を遮断して L の外側だけでの現象に限定する．C を L の外にある閉曲線とするとき

$$\int_C A = \frac{b}{2} \int_C \frac{1}{r^2} r^2 \mathrm{d}\theta = \frac{b}{2} \int_C \mathrm{d}\theta = b\pi \times (C \text{ の巻き数})$$

である．$b/2\hbar \notin \mathbb{Z}$ のとき，L の外側では磁場が 0 にも拘わらず，アハロノフとボームはこの量が量子力学的効果を生み出すことを予想したのである．すなわち，コイルを遮断して電子源から出た電子ビームをスクリーンで観測すれば，電子は磁場の存在しない領域を通ったにも拘わらず，$b/2\hbar$ に依存する干渉が現れると考えたのである．この予想は物理学界に大きな論争を引き起こしたが，最終的には AB 効果の存在は精密な実験により確かめられた**．

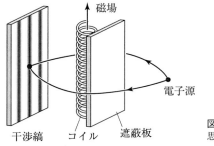

図 1 アハロノフ-ボームの思考実験

---

* 本講座「物の理・数の理 1」5.4 節，例題 5.20 参照．
** 本講座「量子力学 1」の『量子力学への招待』（外村彰著）を参照せよ．

■3.4 磁気単極子の量子化——電荷の整数性

ここで述べることは,量子力学の正当化というよりは,むしろ数学的概念を物理学に適用することにより結論される「数学的事実」である.

多様体 M 上の磁場に対応する微分形式 B は大域的なベクトル・ポテンシャルをもつとは限らない.しかし,ポアンカレの補題により,X の各点の適当な近傍 U 上では $B=dA_U$ となる A_U が存在する.そこで,

$$\nabla_U = d - \frac{\sqrt{-1}}{\hbar} A_U$$

と置く.∇_U は,接続に付随する共変微分と同様な性質をもつことに注意しよう*.すなわち,U 上の関数 f, h に対して

$$\nabla_U(fh) = (df)h + f\nabla_U h$$

が成り立つ.さらに $\langle h_1, h_2 \rangle = h_1 \overline{h_2}$ とするとき

$$d\langle h_1, h_2 \rangle = \langle \nabla_U h_1, h_2 \rangle + \langle h_1, \nabla_U h_2 \rangle$$

が成り立つ.ところで,共変微分は接束とよばれる接空間の族に値をもつ関数,言い換えればベクトル場に作用する微分作用素であった.そこで,接束の類似として,複素直線の族である複素直線束 $\mathcal{L}$ を考え,それに値をもつ関数に作用する微分作用素 ∇ を定義して,∇_U は ∇ の U への制限となっているようにすることが自然である.以下,このことについて説明する.

---

* 本講座「物の理・数の理 2」1.2 節参照.

複素直線束は，つぎの性質を満たす滑らかな多様体 $\mathcal{L}$ と滑らかな全射 $\pi: \mathcal{L} \longrightarrow M$ のことである（略して $\mathcal{L}$ を複素直線束という）．

(1) 任意の点 $p \in M$ に対して，逆像 $\mathcal{L}_p := \pi^{-1}(p)$ は $\mathbb{C}$ 上 1 次元の線形空間の構造をもつ（$\mathcal{L}_p$ を p におけるファイバーという）．

(2) 任意の点 p に対して，その開近傍 U と微分同相写像 $F_U : U \times \mathbb{C} \longrightarrow \pi^{-1}(U)$ で，$\pi(F_U(q,z)) = x$ $(q \in U)$ を満たし，しかも，$z \in \mathbb{C} \mapsto F_U(q,z) \in \mathcal{L}_q$ は線形同型写像であるようなものが存在する．

写像 $s : M \longrightarrow \mathcal{L}$ は，$\pi \circ s = I_M$ を満たすとき（すなわち，$s(p) \in \mathcal{L}_p$ であるとき）**切断**とよばれる．滑らかな切断全体のなす線形空間を $C^\infty(\mathcal{L})$ により表わす．また，$\mathcal{L}$ に値をもつ滑らかな 1 次の微分形式の空間 $C^\infty(T^*M \otimes \mathcal{L})$ も同様に定義する．

$U \cap V \neq \emptyset$ であるような M の開集合 U, V に対して，$U \cap V$ 上で定義された関数 g_{UV} を，$F_V(x,z) = F_U(x, g_{UV}z)$ を満たすように定める．$g_{UV} \in \mathbb{C} \setminus \{0\}$ であり，$g_{UU} = 1$, $g_{VU} = g_{UV}^{-1}$, $g_{UV}g_{VW} = g_{UW}$ が成り立つ．もし，$|g_{UV}| \equiv 1$ となるような $\{F_U\}_U$ が取れるときには，$\mathcal{L}$ を $\boldsymbol{U(1)}$ **束**という*．

$U(1)$ 束 $\mathcal{L}$ の各ファイバー $\mathcal{L}_p$ には $\langle F_U(p,z), F_U(p,w) \rangle_p = z\overline{w}$ と置くことにより内積が入る（この定義は $p \in U$ となる U の取り方にはよらない）．$\mathcal{L}$ 上の $\boldsymbol{U(1)}$ **接続**は，線形写像 $\nabla : C^\infty(\mathcal{L}) \longrightarrow C^\infty(T^*M \otimes \mathcal{L})$ でつぎの性質を満たすものである．

(1) $\nabla(fs) = df \otimes s + f \nabla s$ $(f \in C^\infty(M), s \in C^\infty(\mathcal{L}))$

(2) $d\langle s, t \rangle = \langle \nabla s, t \rangle + \langle s, \nabla t \rangle$ $(s, t \in C^\infty(\mathcal{L}))$

---

* すべての複素直線束は，$\{F_U\}_U$ を取り直すことにより $U(1)$ 束にすることができる．

$s_U(p)=F_U(p,1)$ と置いて，U 上の切断 s_U を定め，$s\in C^\infty(\mathcal{L})$ に対して，$s=f_U s_U$ により U 上の関数 f_U を定めると，$g_{UV}f_V=f_V$ が成り立つ．さらに，U 上の 1 次微分形式 A_U を $\nabla(s_U)=-\dfrac{\sqrt{-1}}{\hbar}A_U\otimes s_U$ により定義する．このとき，

$$\nabla(f_U s_U)=\left(df_U-\frac{\sqrt{-1}}{\hbar}A_U f_U\right)\otimes s_U$$

となる．A_U が実微分形式であることは，

$$0=d\langle s_U,s_U\rangle=\langle\nabla s_U,s_U\rangle+\langle s_U,\nabla s_U\rangle$$
$$=\left(-\frac{\sqrt{-1}}{\hbar}A_U+\frac{\sqrt{-1}}{\hbar}\overline{A_U}\right)\langle s_U,s_U\rangle$$

から帰結される．$ds_U=dg_{UV}\otimes s_V+g_{UV}\nabla s_V$ から

$$A_U=A_V-\frac{\hbar}{\sqrt{-1}}g_{UV}{}^{-1}dg_{UV}$$

が導かれ，$dA_U=dA_V$ となる．$B|U=dA_U$ と置くことにより，M 上で大域的に定義された 2 次の閉微分形式 B が得られる．B を $U(1)$ 接続 ∇ に付随する磁場という．

演習問題 3.2 M 上のベクトル場 X に対して $\nabla_X s=\langle X,\nabla s\rangle$ と置くとき，

$$\nabla_X\nabla_Y s-\nabla_Y\nabla_X s-\nabla_{[X,Y]}s=\frac{1}{\sqrt{-1}\hbar}B(X,Y)s$$

が成り立つことを示せ*．

〔ヒント〕 $\nabla_X s=Xs-\dfrac{\sqrt{-1}}{\hbar}\langle A_U,X\rangle s$ および $(dA_U)(X,Y)=X\langle A_U,Y\rangle-Y\langle A_U,X\rangle-\langle A_U,[X,Y]\rangle$ を使う．

---

* この意味で，B は接続 ∇ の曲率である．ここで述べたことは，線形空間をファイバーとするベクトル束の場合にただちに一般化され，ゲージ理論（数学では接続の理論）に発展していく．

3.4 磁気単極子の量子化

ここで問題となるのは，与えられた磁場 B をもつ $U(1)$ 接続の存在である．実際，$U(1)$ 接続は無条件には存在せず，つぎのような条件が必要(かつ十分)である．

$$\left[\frac{1}{2\hbar\pi}B\right] \in H^2(M,\mathbb{Z})$$

これを，**ヴェイユの量子化条件**という*．量子化条件を満たす磁場に対しては，$\widehat{H}_\hbar = \dfrac{\hbar^2}{2}\nabla^*\nabla$ と置くことにより，ハミルトニアン $\widehat{H}_\hbar$ が定義される(ただし，アハロノフ-ボーム効果の理由により，一般に ∇ は(ユニタリ同値の意味で)一意には定まらない)．

例1(**ディラックの磁気単極子**)　磁気単極子が電荷 e をもつ粒子に作用する磁場は $\dfrac{b}{\|\boldsymbol{x}\|^3}\boldsymbol{x}$ により与えられる**．よって，対応する2次形式は $B = \dfrac{eb}{\|\boldsymbol{q}\|^3}(q_1 dq_2 \wedge dq_3 + q_2 dq_3 \wedge dq_1 + q_3 dq_1 \wedge dq_2)$ であり，$M = \mathbb{R}^3\setminus\{\boldsymbol{0}\}$ としてヴェイユの量子化条件を適用すれば，$H^2(M,\mathbb{Z}) = H^2(S^2,\mathbb{Z}) = \mathbb{Z}$ であるから(S^2 は原点を中心とする単位球面)，B が量子化される条件は

$$\frac{e}{2\hbar\pi}\int_{S^2} B \in \mathbb{Z}$$

となることである．$q_1 dq_2 \wedge dq_3 + q_2 dq_3 \wedge dq_1 + q_3 dq_1 \wedge dq_2$ を S^2 に制限したものは S^2 の面積要素になるから，これは $2eb \in \hbar\mathbb{Z}$ と同値である．すなわち，電荷 e は $\dfrac{\hbar}{2b}$ の整数倍でなければならない．この数学的事実は，ディラックが初めて指摘したように(1932年)，任意の電荷の値が電子の電荷の整数倍であるという経験的事実を説明しているように思われる．

---

*　位相幾何学の用語を使えば，$\mathcal{L}$ の第1チャーン類 $c_1(\mathcal{L})$ は $H^2(M,\mathbb{Z})$ に属し，$\dfrac{1}{2\hbar\pi}B$ は $c_1(\mathcal{L})$ を代表する閉2微分形式である．

**　本講座「物の理・数の理2」2.1節，例1参照．

■3.5 パウリの方程式

電子の運動を考察するためには，正確にはスピンを考慮すべきであって，シュレーディンガー方程式もそれに応じて変更すべきである．パウリにより与えられた電子の運動方程式を簡単に説明しよう．パウリの行列 σ_i を使って，スピノールの空間 $\mathbb{C}^2$ に値をもつ関数に作用する 1 階の微分作用素 $\boldsymbol{\nabla}$ を

$$\boldsymbol{\nabla} = \sum_{i=1}^{3} \sigma_i \Big(\frac{\partial}{\partial q_i} - \frac{\sqrt{-1}}{\hbar} e a_i \Big)$$

により定義する*．$A = \sum_{i=1}^{3} a_i dq_i$ はベクトル・ポテンシャルである．ハミルトニアン

$$\widehat{H}_\hbar = -\frac{\hbar^2}{2\mu} \boldsymbol{\nabla}^2 + u$$

をパウリの作用素とよび**，対応するシュレーディンガー方程式 $\sqrt{-1}\hbar \dfrac{\partial \psi}{\partial t} = \dfrac{1}{2\mu} \boldsymbol{\nabla}^2 \psi + u\psi$ をパウリの方程式とよぶ．$\boldsymbol{\nabla}^2$ を計算すると

$$\widehat{H}_\hbar = -\frac{\hbar^2}{2\mu} \sum_{i=1}^{3} \Big(\frac{\partial}{\partial q_i} - \frac{\sqrt{-1}}{\hbar} e a_i \Big)^2 + u - \frac{e\hbar}{2\mu} \boldsymbol{\sigma}(B)$$

となる．最後の項が，電子のスピンと磁場の相互作用を表わす．

パウリの作用素を用いることにより，外部磁場が弱い場合に水素原子に対

---

* この場合も，1 階の微分作用素 $\boldsymbol{\nabla}$ から出発することに注意しよう．シュレーディンガー方程式が時間に関しては 1 階微分となっている事実とあわせ，もし時空のローレンツ変換で不変なシュレーディンガー方程式を求めようとするならば，空間変数に関する 1 階の微分作用素を量子力学の出発点とするのは自然なことである．本書では触れないが，ディラックが相対論的に不変なシュレーディンガー方程式(ディラックの方程式)を見出した動機は，まさにこの点にある．

** 磁気量子数と区別するため，電子の質量を μ とする．また，e は電子の電荷である．

するゼーマン効果(スペクトル線の分裂；1896年)を説明しよう．磁場として $B=(0,0,b)$, そのベクトル・ポテンシャルとして $A=\left(-\dfrac{b}{2}q_2, \dfrac{b}{2}q_1, 0\right)$ を考える．u はクーロン・ポテンシャルとする．パウリの作用素 $\widehat{H}_\hbar$ において，b^2 が現れる項を落とすと

$$\widehat{H}_\hbar = -\frac{\hbar^2}{2\mu}\Delta_{\mathbb{R}^3}+u+\frac{eb}{2\mu}\left(\widehat{L}_{3,\hbar}-\hbar\sigma_3\right)$$

により表わされる．$b=0$ のときは，$\widehat{H}_\hbar$ は通常のシュレーディンガー作用素を並べたものであるから，$\widehat{H}_\hbar$ のエネルギー固有値は水素原子のエネルギー固有値に一致する(ただし，重複度は 2 倍になる)．ψ を (N,ℓ,m) に対する固有状態を表わす固有関数とし，E をそのエネルギーとして，$\boldsymbol{\psi}_1=\begin{pmatrix}\psi\\0\end{pmatrix}$, $\boldsymbol{\psi}_2=\begin{pmatrix}0\\\psi\end{pmatrix}$ と置く．このとき

$$\widehat{H}_\hbar\boldsymbol{\psi}_i = \begin{cases}\left(E+\hbar\dfrac{eb}{2\mu}(m-1)\right)\boldsymbol{\psi}_1 & (i=1)\\ \left(E+\hbar\dfrac{eb}{2\mu}(m+1)\right)\boldsymbol{\psi}_2 & (i=2)\end{cases}$$

となり，縮退していたエネルギー E が $b\neq 0$ のときは $E+\hbar\dfrac{eb}{2\mu}(m\pm 1)$ に分裂する．

4
固体の量子論

　固体は外形的に見て不規則であっても，ミクロのレベルでは原子たちが規則正しい配列を持っていることが多い．この規則性は，空間の独立な3方向への平行移動に関する周期構造により体現される．そして，このような周期構造をもつ固体を**結晶**という．

　本章で問題とするのは熱力学的な意味で平衡状態にある結晶の**比熱**である．結晶の単位胞(周期性の基本単位領域)の中の原子の数をnとするとき，常温での単位胞当たりの比熱は$C=3nk$と計算されて温度にはよらない(デュロン–プティの法則；1819年)．しかし絶対温度が0に近づけば，比熱も0に近づくことが実験によりわかっている．このことを理論的に説明するためには，量子物理の考え方を用いなければならない．結晶の場合も空洞放射の場合と同様な議論により，単位胞当たりの内部エネルギーは$\int_0^\infty \mathrm{d}\varphi(\nu)=3n$ を満たす関数$\varphi(\nu)$により(零点エネルギーを除いて)

$$U = \int_0^\infty \frac{\hbar\nu}{\mathrm{e}^{\hbar\nu/kT}-1}\mathrm{d}\varphi(\nu) \qquad (4.1)$$

と表されことがわかる*.しかし,空洞放射の量子論に較べて困難な点は,積分状態密度とよばれる関数 φ の性質の導出にある(囲み記事「前期量子論における比熱の計算」p.88 参照).

本章では,**物性論**への序章として,グラフの考え方を積極的に用いることにより,固体の量子論を可能な限り厳密に扱い,比熱に関する法則(T^3 法則)を確立することを目標とする.

■4.1 結晶格子

結晶の数学的モデルを与えよう.V を結晶を作る原子の集まりとし,$\Phi: V \longrightarrow \mathbb{R}^3$ を原子の平衡位置を表わす写像(単射)とする.2 つの原子の間に力の作用があれば,それらを(抽象的な意味での)辺で結び,Φ を区分的線形写像(辺を線分に写す写像)に拡張する.このようにして,$\mathbb{R}^3$ の中に実現されたグラフ $X=(V,E)$ を得る.ここで,E は有向辺全体からなる集合である.結晶の周期性は,ある格子群 $L \subset \mathbb{R}^3$ の平行移動作用により $\Phi(X)$ が不変であることとして定義される.X(あるいはその実現 $\Phi(X)$)は L を格子群とする**結晶格子**とよばれる.以下,グラフについては本講座「物の理・数の理 2」3.6 節で与えた記号を使う.

格子群 L は,写像 Φ を通して X に作用する.L の V および E への作用を,それぞれ $(\sigma,x) \in L \times V \mapsto \sigma x \in V$ と $(\sigma,e) \in L \times E \mapsto \sigma e \in E$ により表わすことにすると,$\Phi(\sigma x)=\Phi(x)+\sigma$ が成り立ち,さらに $e \in E$ に対して $s(e)=\Phi(te)-\Phi(oe)$ と置くと,$s(\sigma e)=$

---

* ここでは,ν は角振動数を表わすパラメータであり,$\nu/2\pi$ が振動数を表わす.比熱は $C=\dfrac{\partial U}{\partial T}$ により計算されることを思い出そう.

$s(e)$ が成り立つ.

L の作用による V の商集合を V_0, E の商集合を E_0 とするとき, $X_0=(V_0, E_0)$ にはグラフの構造が自然に誘導される. V_0 は明らかに有限集合である. ここではさらに E_0 も有限集合であること, 換言すれば結晶中の各原子が他原子に及ぼす作用の範囲は有限と仮定する. 後の目的のため, V 上の L 作用の基本集合*を1つ固定し, それを $\mathcal{F}$ により表わそう.

原子 $x \in V$ の質量を $m(x)$ により表わすとき, x と σx は同種の原子であるから, $m(\sigma x) = m(x)$ を満たし, m は V_0 上の関数と見なすことができる. また, E 上の関数 s も E_0 上の関数と見なされる.

$\mathbb{R}^3$ への L 作用(平行移動)に関する基本集合(領域) P を1つ取り**, それを**単位胞**という. 単位胞に含まれる原子の数 n は X_0 の頂点の数と一致する. $m(V_0) = \sum_{x \in V_0} m(x) = \sum_{x \in \mathcal{F}} m(x)$ は単位胞に含まれる原子の総質量である.

例1

(1) **立方格子** $X = (V, E)$ は, $V = \mathbb{Z}^3 \subset \mathbb{R}^3$ として, 2つの頂点 (m_1, m_2, m_3), (n_1, n_2, n_3) が辺で結ばれるのは $\sum_{i=1}^{3} |m_i - n_i| = 1$ のときのみであるとして定義される結晶格子である. 標準格子群 $L = \mathbb{Z}^3$ が平行移動により X に自然な仕方で作用し, 商グラフ X_0 は1つの頂点と3つのループ辺からなるブーケ・グラフである.

(2) **ダイヤモンド格子**はつぎのように定義される結晶格子である. e_1, e_2, e_3 を $\mathbb{R}^3$ の標準基底とし, $e_1+e_2, e_2+e_3, e_3+e_1$ により $\mathbb{Z}$ 上の生成される格子群を L とする.

---

* 一般に, 群 G が X に作用するとき, X の部分集合 A が基本集合であるとは, $\{gA\}_{g \in G}$ が共通部分をもたず, X がそれらの和集合となっていることである.

** このような P として, 平行六面体を取ることができる.

$$V = L \cup \left(L + \left(\frac{1}{2}, \frac{1}{2}, \frac{1}{2}\right)\right)$$

と置き,2頂点 $(m_2+m_3, m_3+m_1, m_1+m_2)$, $\left(n_2+n_3+\frac{1}{2}, n_3+n_1+\frac{1}{2}, n_1+n_2+\frac{1}{2}\right)$ が辺で結ばれるのは,つぎの関係のうち1つが成り立つときのみであるとして X を定義する.

(1) $m_1 = n_1$, $m_2 = n_2$, $m_3 = n_3$
(2) $m_1 = n_1+1$, $m_2 = n_2$, $m_3 = n_3$
(3) $m_1 = n_1$, $m_2 = n_2+1$, $m_3 = n_3$
(4) $m_1 = n_1$, $m_2 = n_2$, $m_3 = n_3+1$

格子群 L の作用による商グラフ X_0 は,2頂点とそれらを結ぶ4つの(重複)辺からなるグラフである.

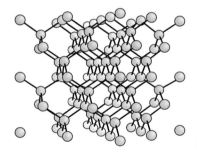

図2 ダイヤモンド格子

4.2 固体の中の電子の運動——ブロッホ理論

本章の目標は,固体の比熱を計算することであるが,そのためのアイディアを提供するばかりでなく,それ自身固体の量子論の主題として重要なブロッホ理論について簡単に述べておく.

結晶固体内で運動する電子を考える.結晶の周期性から,対応するハミルトニアンは格子群 L に関して周期的かつ連続なポ

---**前期量子論における比熱の計算**---

前期量子論では，固体の結晶構造についてはくわしく知られていなかったこともあり（固体のミクロな構造がデバイによって明らかにされたのは 1912 年である），積分状態密度とよばれる関数 $\varphi(\nu)$ の「形」に大胆な仮説を置いていた．1907 年，アインシュタインは $\varphi(\nu)$ として

$$\varphi(\nu) = \begin{cases} 0 & (\nu \leq \nu_0) \\ 3n & (\nu > \nu_0) \end{cases}$$

を採用し，

$$C(T) = 3nk\left(\frac{h\nu_0}{kT}\right)^2 \frac{e^{h\nu_0/kT}}{(e^{h\nu_0/kT}-1)^2}$$

という公式を与えた．この公式は高温におけるデュロン-プティの法則を説明するばかりではなく，$T \downarrow 0$ としたときに $C(T)$ が 0 に近づくという実験事実にも合致する．しかし，上記の公式では，$C(T)$ は指数関数的に減衰することになり，これは正しくない．

デバイは連続体としての固体の性質に類推を求め，

$$\varphi(\nu) = \begin{cases} 0 & (\nu \leq 0) \\ C_0\nu^3 & (0 \leq \nu \leq \nu_D) \\ C_0\nu_D^3 & (\nu \geq \nu_D) \end{cases}$$

テンシャル $V(\boldsymbol{q})$ により

$$\widehat{H}_\hbar = -\frac{\hbar^2}{2m}\Delta_{\mathbb{R}^3} + V(\boldsymbol{q})$$

と表わされると考えてよい．V の周期性から，$\widehat{H}_\hbar$ は L の $L^2(\mathbb{R}^3)$ への作用 $f(\boldsymbol{q}) \mapsto f(\boldsymbol{q}+\sigma)$ $(\sigma \in L)$ と可換である．L の正則表現の既約分解

$$(\rho, \ell^2(L)) = \int_{\widehat{L}}^{\oplus} (\chi, \mathbb{C})\,d\chi \tag{4.2}$$

に対応して，$(\widehat{H}_\hbar, L^2(\mathbb{R}^3))$ の直積分分解

により定義される関数 $\varphi(\nu)$ を採用した(C_0 は，等方的フック弾性体としての固体により決まる定数である；4.5 節，例題 4.3)．また，λ_D は，条件 $\int_0^{\lambda_D} \mathrm{d}\varphi(\lambda) = 3n$ によって特徴付けられる量であり，比熱は

$$C(T) = 9nk\left(\frac{T}{\Theta_D}\right)^3 \int_0^{\Theta_D/T} \frac{x^4 \mathrm{e}^x}{(\mathrm{e}^x-1)^2} \mathrm{d}x$$

により与えられる．ここで $\Theta_D = \dfrac{h\nu_D}{k}$ はデバイ温度とよばれる．とくに，$T \downarrow 0$ とするとき $C(T) \sim \dfrac{12}{5}\pi^4 nk\left(\dfrac{T}{\Theta_D}\right)^3$ が得られる．これがデバイによる $\boldsymbol{T^3}$ 法則である．

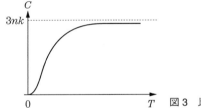

図3　比熱のグラフ

$$\left(\widehat{H}_\hbar, L^2(\mathbb{R}^3)\right) = \int_{\widehat{L}}^\oplus \left(\widehat{H}_{\hbar,\chi}, L^2_\chi\right) \mathrm{d}\chi$$

をつぎのようして構成する．

$$L^2_\chi = \{f: \mathbb{R}^3 \longrightarrow \mathbb{C};\ f(\boldsymbol{q}+\sigma) = \chi(\sigma)f(\boldsymbol{q})\ (\sigma \in L),$$
$$\int_P |f(\boldsymbol{q})|^2 \mathrm{d}\boldsymbol{q} < \infty\}$$

と置き，これを

$$\langle f_1, f_2 \rangle = \int_P f_1(\boldsymbol{q})\overline{f_2(\boldsymbol{q})}\,\mathrm{d}\boldsymbol{q}$$

により定義される内積をもつヒルベルト空間と考える. L_χ^2 に $\widehat{H}_\chi$ を制限することにより得られる自己共役作用素を $\widehat{H}_{\hbar,\chi}$ と表わす*. コンパクトな台をもつ $f \in C^0(\mathbb{R}^3)$ に対して, $f_\chi \in L_\chi^2$ を

$$f_\chi(\boldsymbol{q}) = \sum_{\sigma \in L} \chi(\sigma)^{-1} f(\boldsymbol{q}+\sigma)$$

により定めると,対応 $f \mapsto \{f_\chi\}$ は $L^2(\mathbb{R}^3)$ からユニタリ同型写像に拡張される. また, $(\widehat{H}_\hbar f)_\chi = \widehat{H}_{\hbar,\chi} f_\chi$ であるから,

$$\widehat{H}_\hbar = \int_{\widehat{L}}^{\oplus} \widehat{H}_{\hbar,\chi} \mathrm{d}\chi$$

を得る**. ところで, $\widehat{H}_{\hbar,\chi}$ のスペクトラムは, 周期境界条件 $f(\boldsymbol{q}+\sigma) = \chi(\sigma)f(\boldsymbol{q})$ の下での固有値問題 $\widehat{H}_\hbar f = \lambda f$ に対する固有値からなる. それらを重複度も込めて並べて $\lambda_1(\chi) \leq \lambda_2(\chi) \leq \cdots$ とすると, $\widehat{L}$ 上の関数 $\lambda_i(\chi)$ は連続である. さらに, $(\widehat{H}_\hbar, L^2(\mathbb{R}^3))$ のスペクトラムは $\bigcup_{i=1}^{\infty} \{\lambda_i(\chi);\ \chi \in \widehat{L}\}$ と一致する. これを**ブロッホの定理**という.

証明のアイディアはつぎのようなものである. $\lambda \notin \bigcup_{i=1}^{\infty} \{\lambda_i(\chi);\ \chi \notin \widehat{L}\}$ ならば,

$$(\lambda I - \widehat{H}_\hbar)^{-1} = \int_{\widehat{L}}^{\oplus} (\lambda I - \widehat{H}_{\hbar,\chi})^{-1} \mathrm{d}\chi$$

となって, $\lambda \notin \sigma(\widehat{H}_\hbar)$ となることが分かる. $\lambda \in \bigcup_{i=1}^{\infty} \{\lambda_i(\chi);\ \chi \in \widehat{L}\}$ ならば, ある $\chi \in \widehat{L}$ と, $f(\boldsymbol{q}+\sigma) = \chi(\sigma)f(\boldsymbol{q})$, $\widehat{H}_\hbar f = \lambda f$ を満たす $\mathbb{R}^3$ 上の関数 $f \not\equiv 0$ が存在する. この f を球体の外で 0 になるように「カット」することにより, $\|f_n\| = 1$ かつ $\lim_{n \to \infty} \|\widehat{H}_\hbar f_n - \lambda f_n\| = 0$ を満たす列 $\{f_n\}$ を構成すること

---

* 幾何学的に言えば, $\widehat{H}_{\hbar,\chi}$ は $\chi \in \widehat{L}$ に付随する平坦直線束 $\mathcal{L}_\chi$ の切断の空間 $L^2(\mathcal{L}_\chi)$ に作用する自己共役作用素である ([8] 参照).
** 1.4 節では有界作用素に対する直積分解について解説したが, 然るべき設定の下で非有界作用素についても同様に定義される.

ができる*.関数解析における一般的定理により,このような λ は $\sigma(\widehat{H}_\hbar)$ に属すことが知られている.

> **演習問題 4.1** $\chi(\sigma) = e^{2\pi\sqrt{-1}\sigma\cdot\boldsymbol{\xi}}$ とするとき,$\widehat{H}_{\hbar,\chi}$ は,$L^2(\mathbb{R}^3/L)$ 上の作用素
> $$\frac{1}{2m}\sum_{i=1}^{3}\left(\frac{\hbar}{\sqrt{-1}}\frac{\partial}{\partial q_i} - 2\pi\xi_i\right)^2 + V$$
> にユニタリ同値であることを示せ**.
>
> 〔ヒント〕 $f \in L^2_\chi$ に対して,$g(\boldsymbol{q}) = f(\boldsymbol{q})e^{-2\pi\sqrt{-1}\boldsymbol{\xi}\cdot\boldsymbol{q}}$ と置くと,対応 $f \to g \in L^2(\mathbb{R}^3/L)$ が求めるユニタリ同値写像を与える.

■4.3 格子振動

結晶の中の原子は内部相互作用によりそれぞれの平衡位置の周りで振動している.この振動(**格子振動**)を記述する方程式を導こう.

原子 $x \in V$ の変位を表わすベクトルを $\boldsymbol{f} = \boldsymbol{f}(t,x)$ により表わす.すなわち,時刻 t における原子 x の位置は $\Phi(x) + \boldsymbol{f}(t,x)$ である.内部相互作用はポテンシャル・エネルギーから定まるものとすれば,平衡位置でポテンシャル・エネルギーを展開して2次より高次の項を無視することにより,運動方程式

$$m(x)\frac{d^2\boldsymbol{f}}{dt^2}(x) = -(K_\Phi \boldsymbol{f})(x) \qquad (4.3)$$

---

* この事実の証明において本質的なことは,球体の体積に比較してその境界である球面の表面積が「小さい」という事実である.これは L の可換性に関係しており,非可換な状況では一般には成り立たない(たとえば,非ユークリッド空間).

** これは,トーラス $\mathbb{R}^3/L$ 上で一様なベクトル・ポテンシャル $A = 2\pi\sum_{i=1}^{3}\xi_i dq_i$ が与えられたときのハミルトニアンである.$B = dA = 0$ であるから,$\widehat{H}_{\hbar,\chi}$ の固有値が変動することはアハロノフ-ボーム効果と言ってもよい.

が得られる*. ここで, K_Φ は変位ベクトル値関数に作用する線形写像であり,

$$\sum_{x \in V} (K_\Phi \boldsymbol{f})(x) \cdot \boldsymbol{g}(x) = \sum_{x \in V} \boldsymbol{f}(x) \cdot (K_\Phi \boldsymbol{g})(x) \qquad (4.4)$$

$$\sum_{x \in V} (K_\Phi \boldsymbol{f})(x) \cdot \boldsymbol{f}(x) \geq 0 \qquad (4.5)$$

を満たす((4.5)は平衡位置の安定性に対応する). 2つの原子 x と y の間で相互に作用するのは, それらが辺で結ばれるときと仮定しているから, $\mathbb{R}^3$ の線形変換 $A_\Phi(e), B_\Phi(x)$ により

$$-(K_\Phi \boldsymbol{f})(x) = \sum_{e \in E_x} A_\Phi(e) \boldsymbol{f}(te) + B_\Phi(x) \boldsymbol{f}(x)$$

と表わされる.

K_Φ につぎのような仮定を置く. Φ を平行移動で写したものを Φ' とするとき, $\Phi + \boldsymbol{f} = \Phi' + \boldsymbol{f}'$ である限り方程式

$$m(x) \frac{d^2 \boldsymbol{f}'}{dt^2}(x) = -(K_{\Phi'} \boldsymbol{f}')(x)$$

は(4.3)に同値であるとする**. この仮定からただちに $K_{\Phi'} = K_\Phi$, $K_{\Phi'}(\Phi - \Phi') = 0$ となることが結論される. ここで改めて $K = K_\Phi$, $A = A_\Phi$, $B = B_\Phi$ と表わそう. 平行移動 $\Phi' = \Phi + \boldsymbol{a}$, $(\boldsymbol{a} \in \mathbb{R}^3)$ を $K_{\Phi'}(\Phi - \Phi') = 0$ に適用すれば, $\sum_{e \in E_x} A(e) + B(x) = 0$, すなわち

$$-(K\boldsymbol{f})(x) = \sum_{e \in E_x} A(e) \big(\boldsymbol{f}(te) - \boldsymbol{f}(oe) \big)$$

が得られるから,

---

* 本講座「物の理・数の理 1」3.3 節を参照. そこでは有限質点系を調和振動子系で近似したが, 形式上はまったく同様に無限質点系の場合に一般化される.
** いわゆる「並進不変性」である.

$$Df(x) = \frac{1}{m(x)} \sum_{e \in E_x} A(e)\bigl(f(te) - f(oe)\bigr)$$

と置くことにより，運動方程式は

$$\frac{d^2 f}{dt^2} = Df$$

と表わされる．

$A(e)$ を**力の定数行列**とよぶ．結晶の周期性から，$A(\sigma e) = A(e)$ ($\sigma \in L$) を仮定してよい（よって，A は E_0 上の行列値関数と思ってよい）．条件 (4.4) は $A(\bar{e}) = {}^t A(e)$ と同値である．さらにもし $A(e)$ が対称，すなわち $A(e) = A(\bar{e})$ ならば，条件 (4.4) は

$$\sum_{e \in E} A(e)\bigl(f(te) - f(o(e))\bigr) \cdot \bigl(f(te) - f(o(e))\bigr) \geq 0$$

に同値である．以後，これよりも強く $A(e)$ は正値対称行列であることを仮定する．

結晶は巨視的に見れば一様なフック弾性体と考えてよい．「巨視的に見る」ということを数学的に言えば，結晶格子の**連続体極限**を考えることである．ここで，フック弾性体の弾性波方程式について復習しよう（本講座「物の理・数の理 3」第 2 章参照）．フック弾性体は質量密度 ρ と弾性定数テンソル $C_{\alpha i \beta j}$ によって特徴付けられ，弾性定数テンソルは $C_{\alpha i \beta j} = C_{i \alpha \beta j} = C_{\alpha i j \beta} = C_{\beta j \alpha i}$ を満たしていた．弾性体の中を伝わる弾性波 $f = f(t, \bm{x})$ は，波動方程式

$$\rho \frac{\partial^2 f}{\partial t^2} = \sum_{i,j=1}^{3} \frac{\partial}{\partial x_i}\left(A_{ij} \frac{\partial f}{\partial x_j}\right) \qquad (4.6)$$

の解である．ここで A_{ij} は $(A_{ij})_{\alpha\beta} = C_{\alpha i \beta j}$ によって定義される $\mathbb{R}^3$ 上の行列値関数である．${}^t A_{ij} = A_{ji}$ に注意．

ρ および A_{ij} が定数という意味で**一様な弾性体**の場合，A_{ij} は対

称($A_{ij}=A_{ji}$)と仮定しても一般性を失わない．結晶格子の連続体極限では，$\rho=m(V_0)/\boldsymbol{V}$ と置くのが自然である．A_{ij} の形を見出すため，滑らかな関数(変位ベクトル場) $\boldsymbol{f}:\mathbb{R}\times\mathbb{R}^3\to\mathbb{R}^3$ に対して，空間変数の離散化 $\boldsymbol{f}_\delta:\mathbb{R}\times V\to\mathbb{R}^3$ を $\boldsymbol{f}_\delta(t,x)=\boldsymbol{f}(\delta t,\delta\Phi(x))$ により定義する($\delta>0$)．このとき，

$$\begin{aligned}
&-(K\boldsymbol{f}_\delta)(t,x)\\
&=\sum_{e\in E_x}A(e)\big[\boldsymbol{f}(\delta t,\delta\Phi(te))-\boldsymbol{f}(\delta t,\delta\Phi(oe))\big]\\
&=\delta\sum_{i=1}^{3}\sum_{e\in E_x}s(e)_i A(e)\frac{\partial \boldsymbol{f}}{\partial x_i}(\delta t,\delta\Phi(x))\\
&\quad +\frac{1}{2}\delta^2\sum_{i,j=1}^{3}s(e)_i s(e)_j A(e)\frac{\partial^2 \boldsymbol{f}}{\partial x_i\partial x_j}(\delta t,\delta\Phi(x))+\cdots
\end{aligned}$$

を得る．ここで $s(e)=\big(s(e)_1,s(e)_2,s(e)_3\big)$ である．$\{t_\delta\}$ が $\lim_{\delta\downarrow 0}\delta t_\delta=t$ を満たし，$\{x_\delta\}$ が固定された $x\in\mathcal{F}$ の L 軌道に属する列で*，$\lim_{\delta\downarrow 0}\delta\Phi(x_\delta)=\boldsymbol{x}$ を満たすとする．極限 $\lim_{\delta\downarrow 0}\delta^{-2}(K\boldsymbol{f}_\delta)(t_\delta,x_\delta)$ が存在するための条件として，

$$\sum_{e\in E_x}A(e)\otimes s(e)=0\quad (x\in V)\qquad (4.7)$$

を仮定しよう**．この条件(4.7)の下で1階微分の項は消えて

$$-\lim_{\delta\downarrow 0}\delta^{-2}(K\boldsymbol{f}_\delta)(t_\delta,x_\delta)=\sum_{i,j=1}^{3}\sum_{e\in E_{0,x}}s(e)_i s(e)_j A(e)\frac{\partial^2 \boldsymbol{f}}{\partial x_i\partial x_j}(t,\boldsymbol{x})$$

$$(4.8)$$

が成り立つ．一方，時間微分の項については

---

  * 任意の δ に対して，$x_\delta\in x+L$ であることを意味する．
  ** これは成分で表わせば，$\sum_{e\in E_x}s(e)_i A(e)_{jk}=0$ がすべての i,j,k に対して成り立つことである．この条件は，後の議論でも重要な役割を果たす．

$$\lim_{\delta\downarrow 0}\delta^{-2}m(x_\delta)\frac{\mathrm{d}^2 \boldsymbol{f}_\delta}{\mathrm{d}t^2}(t_\delta, x_\delta) = m(x)\frac{\partial^2 \boldsymbol{f}}{\partial t^2}(t, \boldsymbol{x})$$

である．(4.8)の右辺は $x \in \mathcal{F}$ の取り方に依存しているので，平均を取るという意味で $\mathcal{F}$ 上で足し合わせて $\boldsymbol{V}$ で割れば，運動方程式は

$$\rho\frac{\partial^2 \boldsymbol{f}}{\partial t^2} = \frac{1}{2\boldsymbol{V}}\sum_{i,j=1}^3 \sum_{e\in E_0} s(e)_i s(e)_j A(e)\frac{\partial^2 \boldsymbol{f}}{\partial x_i \partial x_j}$$

に収束する．このことから，結晶格子の連続体極限は，

$$A_{ij} = \frac{1}{2\boldsymbol{V}}\sum_{e\in E_0} s(e)_i s(e)_j A(e)$$

を(対称化された)弾性定数テンソルとする一様な弾性体と考えてよい．

例 2

(1) (**単原子結晶格子**) これは X_0 がブーケ・グラフ(1 頂点と有限個のループ辺からなるグラフ)の場合である．もし $A(e)$ が対称ならば，条件(4.7)は満足される．

(2) (**スカラーモデル**) これは，$a(e)=a(\bar{e})$ を満たす E 上の正値関数 a により $A(e)=a(e)I$ と表わされる場合である．もし $\sum_{e\in E_x} a(e)(\Phi(te)-\Phi(oe))=0$ が成り立てば，条件(4.7)が満たされる．

一般に，一様な弾性体に対して

$$A(\boldsymbol{\xi}) = \rho^{-1}\sum_{i,j=1}^3 \xi_i \xi_j A_{ij} \quad (\boldsymbol{\xi}=(\xi_1,\xi_2,\xi_3)\in\mathbb{R}^3)$$

と置こう．非負対称行列 $A(\boldsymbol{\xi})$ の固有値を $v_\alpha(\boldsymbol{\xi})^2$ とする($v_\alpha(\boldsymbol{\xi})\geq 0$; $\alpha=1,2,3$)．さらに，$\mathbb{R}^3$ の正規直交基底 $\boldsymbol{e}_1(\boldsymbol{\xi}), \boldsymbol{e}_2(\boldsymbol{\xi}), \boldsymbol{e}_3(\boldsymbol{\xi})$ を $A(\boldsymbol{\xi})\boldsymbol{e}_\alpha(\boldsymbol{\xi})=v_\alpha(\boldsymbol{\xi})^2 \boldsymbol{e}_\alpha(\boldsymbol{\xi})$ となるように取る．このとき，「平面波」

$$f(t,x) = \bigl[\cos\bigl(x\cdot\xi\pm tv_\alpha(\xi)\bigr)\bigr]e_\alpha(\xi)$$

は弾性波の方程式

$$\rho\frac{\partial^2 f}{\partial t^2} = \sum_{i,j=1}^{3} A_{ij}\frac{\partial^2 f}{\partial x_i \partial x_j}$$

の解である.$v_\alpha(\xi)/\|\xi\|$ は,方向 ξ への**音響位相速度**とよばれる,以下,$v_1(\xi)\le v_2(\xi)\le v_3(\xi)$ とする.このとき,$v_\alpha(\xi)$ は ξ に関して連続であり,しかも $\mathbb{R}^3$ の解析的集合の外で解析的である.さらに,$v_\alpha(t\xi)=tv_\alpha(\xi)$ $(t\ge 0)$ が成り立つ.

結晶格子の連続体極限の場合は

$$A(\xi) = \frac{1}{2m(V_0)} \sum_{e\in E_0} \bigl(\xi\cdot s(e)\bigr)^2 A(e)$$

であることに注意しておく.

作用素 D はヒルベルト空間

$$\ell^2(V,m) = \{f : V \to \mathbb{C}^3;\ \|f\|^2 := \sum_{x\in V} f(x)\cdot \overline{f(x)} m(x) < \infty\}$$

のエルミート作用素であり,L の作用と可換である.D を**離散的弾性ラプラシアン**とよぶ.この名称は $D=-d^*d$ と表されることで正当化される.ここで $d : \ell^2(V,m) \to \ell^2(E,A)$ は $df(e)=f(te)-f(oe)$ により定義され,

$$\ell^2(E,A) = \{\eta : E \to \mathbb{C}^3;\ \eta(\overline{e}) = -\eta(e),$$
$$\|\eta\|^2 := \frac{1}{2}\sum_{e\in E} A(e)\eta(e)\cdot\overline{\eta(e)} < \infty\}$$

とする.d^* は d の共役作用素である.

■4.4 ハミルトン形式による格子振動

$S=\ell^2(V,m)$ と置き，$\langle \cdot,\cdot \rangle$ によりヒルベルト空間 S の内積を表わす．S は

$$\omega(u,v) = \mathrm{Im}\langle u,v \rangle \quad (u,v \in S)$$

により定義されるシンプレクティック形式により，（無限次元）シンプレクティック線形空間となる*．ハミルトン関数 H を $H(u) = \frac{1}{2}\langle \sqrt{-D}u, u \rangle$ により定義すると，ハミルトン方程式は $\frac{\mathrm{d}u}{\mathrm{d}t} = -\sqrt{-1}\sqrt{-D}u$ により与えられる．これは明らかに格子振動の方程式 $\frac{\mathrm{d}^2 \boldsymbol{f}}{\mathrm{d}t^2} = D\boldsymbol{f}$ に同値である．

ハミルトン系 (S,ω,H) を量子化する．このため，まず有限次元のハミルトン系に直積分分解する**．4.2 節で述べたブロッホ理論によって

$$S_\chi = \{u : V \to \mathbb{C}^3;\ u(\sigma x) = \chi(\sigma)u(x)\},$$
$$\omega_\chi(u,v) = \mathrm{Im}\langle u,v \rangle_\chi, \quad H_\chi(u) = \frac{1}{2}\langle \sqrt{-D_\chi}u, u \rangle_\chi,$$
$$\langle u,v \rangle_\chi = \sum_{x \in \mathcal{F}} u(x) \cdot \overline{v(x)} m(x)$$

とする．作用素 D_χ は，$D : C(V,\mathbb{C}^3) \longrightarrow C(V,\mathbb{C}^3)$ の $S_\chi \subset C(V,\mathbb{C}^3)$ への制限として定義される．$\dim S_\chi = 3n$ であることに注意．このとき

---

* $\mathrm{Im}\, z$ は複素数 $z \in \mathbb{C}$ の虚部を表わす．
** 物理学のテキストでは，「波数ベクトル上の和」に表現することに対応する．

$$(S, \omega, H) = \int_{\widehat{L}}^{\oplus} (S_\chi, \omega_\chi, H_\chi) \, \mathrm{d}\chi \qquad (4.9)$$

を得る.d および d^* はともに直積分

$$d = \int_{\widehat{L}}^{\oplus} d_\chi \, \mathrm{d}\chi, \quad d^* = \int_{\widehat{L}}^{\oplus} (d^*)_\chi \, \mathrm{d}\chi$$

に分解され,$(d^*)_\chi = (d_\chi)^*$,$D_\chi = -d_\chi^* d_\chi$ となることが確かめられるから

$$D_\chi \leq 0, \quad D_\chi < 0 \quad (\chi \neq \mathbf{1})$$

となることがわかる.$-D_{\mathbf{1}}$ は定値関数を固有関数とする重複度 3 の固有値 0 をもつことに注意しよう[*].$-D_\chi$ のすべての固有値を(重複度も込めて)並べて $\lambda_1(\chi) \leq \lambda_2(\chi) \leq \cdots \leq \lambda_{3n}(\chi)$ とする.このとき,$\lambda_i(\chi)$ は $\widehat{L}$ 上の関数として連続である.最初の 3 つの固有値 $\lambda_1(\chi), \lambda_2(\chi), \lambda_3(\chi)$ は $0 = \lambda_1(\mathbf{1}) = \lambda_2(\mathbf{1}) = \lambda_3(\mathbf{1})$ の摂動になっている(これらを**音響型分枝**とよび,他の $\lambda_i(\chi)$ を**光学型分枝**とよぶ).

S_χ の正規直交基底 $e_1, \cdots, e_{3n}$ で $-D_\chi e_i = \lambda_i(\chi) e_i$ を満たすものを取る.$u = \sum_{i=1}^{3n}(q_i + \sqrt{-1} p_i) e_i$ と置くことにより与えられる (S_χ, ω_χ) の正準座標系 $(p_1, \cdots, p_{3n}, q_1, \cdots, q_{3n})$ に関して,ハミルトン関数 H_χ は

$$H_\chi = \frac{1}{2} \sum_{i=1}^{3n} \sqrt{\lambda_i(\chi)} (p_i^2 + q_i^2)$$

と表わされる.よって量子化されたハミルトニアンは

$$\widehat{H}_\chi = \frac{1}{2} \sum_{i=1}^{3n} \sqrt{\lambda_i(\chi)} \left(-\hbar^2 \frac{\partial^2}{\partial q_i^2} + q_i^2 \right) = \sum_{i=1}^{3n} \widehat{H}_{\chi, i}$$

---

[*] $D_{\mathbf{1}}$ は X_0 上の離散的弾性ラプラシアンと同一視される.

により与えられる.2.2節で見たように,$\widehat{H}_{\chi,i}$ ($\chi\neq\mathbf{1}$) のスペクトラムは単純な固有値

$$\hbar\sqrt{\lambda_i(\chi)}\left(m+\frac{1}{2}\right) \quad (m=0,1,2,\cdots)$$

からなる*.よって平衡状態における内部エネルギーは

$$U_{\chi,i}(T) = \hbar\sqrt{\lambda_i(\chi)}\left[\frac{1}{2}+\frac{1}{\mathrm{e}^{-\hbar\sqrt{\lambda_i(\chi)}/kT}-1}\right]$$

となる.内部エネルギーの加法性から,結晶の単位胞当たりの内部エネルギーは

$$\begin{aligned}U(T) &= \int_{\widehat{L}}\sum_{i=1}^{3n}U_{\chi,i}(T)\,\mathrm{d}\chi \\ &= \frac{\hbar}{2}\int_{\widehat{L}}\mathrm{tr}\,\sqrt{-D_\chi}\,\mathrm{d}\chi + \int_{\widehat{L}}\mathrm{tr}\,\frac{\hbar\sqrt{-D_\chi}}{\mathrm{e}^{\hbar\sqrt{-D_\chi}/kT}-1}\,\mathrm{d}\chi \\ &= U_0 + U_1(T)\end{aligned}$$

により与えられるとしてよい.U_0 は零点エネルギーである.

この式をさらに変形するため,フォン・ノイマン跡(L跡)** の概念を使う.一般に L 作用と可換は作用素 $T:S\to S$ に対して,その **L 跡**は

$$\mathrm{tr}_L\,T = \sum_{x\in\mathcal{F}}\mathrm{tr}\,t(x,x)m(x)$$

により定義される.ここで $t(x,y)$ は T の核関数,すなわち

$$T\boldsymbol{f}(x) = \sum_{y\in V}t(x,y)\boldsymbol{f}(y)m(y)$$

を満たす(行列値)関数である.

---

* このエネルギーをもつ粒子はフォノン(phonon)とよばれる.
** フォン・ノイマン跡は,ヒルベルト空間の有界線形作用素からなる代数系であるフォン・ノイマン環の理論において重要な役割を果たす.

L 跡は直積分分解につぎのように関係している. $T=\int_{\widehat{L}}^{\oplus}T_\chi \mathrm{d}\chi$ であるとき,

$$\mathrm{tr}_L\, T = \int_{\widehat{L}} \mathrm{tr}\, T_\chi\, \mathrm{d}\chi \qquad (4.10)$$

(4.10)を示そう. v_1, v_2, v_3 を $\mathbb{C}^3$ の標準基底とする. $s_{x\alpha} \in S_\chi$ ($x \in \mathcal{F}$, $\alpha = 1, 2, 3$) を

$$s_{x\alpha}(y) = \begin{cases} m(x)^{-\frac{1}{2}}\chi(\sigma)v_\alpha & (y = \sigma x) \\ 0 & (\text{その他の場合}) \end{cases}$$

と置くことにより定義する. $\{s_{x\alpha}\}$ が S_χ の正規直交系となることを見るのは容易である. よって

$$\mathrm{tr}\, T_\chi = \sum_{\alpha=1}^{3} \sum_{x \in \mathcal{F}} \langle T s_{x\alpha}, s_{x\alpha} \rangle$$

が得られる.

$$\begin{aligned}(Ts_{x\alpha})(z) &= \sum_{y \in V} t(z,y) s_{x\alpha}(y) m(y) \\ &= \sum_{\sigma \in L} \chi(\sigma) m(x)^{\frac{1}{2}} t(z, \sigma x) v_\alpha \end{aligned}$$

であるから,

$$\begin{aligned}\langle T s_{x\alpha}, s_{x\alpha} \rangle &= \sum_{z \in \mathcal{F}} (T s_{x\alpha})(z) \cdot \overline{s_{x\alpha}(z)} m(z) \\ &= T s_{x\alpha}(x) \cdot \overline{v_\alpha} m(x)^{\frac{1}{2}} \\ &= \sum_{\sigma \in L} \chi(\sigma) t(x, \sigma x) v_\alpha \cdot \overline{v_\alpha} m(x) \end{aligned}$$

となり, このことから

$$\begin{aligned}\mathrm{tr}\, T_\chi &= \sum_{\alpha=1}^{3} \sum_{x \in \mathcal{F}} \sum_{\sigma \in L} \chi(\sigma) t(x, \sigma x) v_\alpha \cdot \overline{v_\alpha} m(x) \\ &= \sum_{x \in \mathcal{F}} \sum_{\sigma \in L} \chi(\sigma) \mathrm{tr}\, t(x, \sigma x) m(x) \end{aligned}$$

が導かれる. こうして

$$\int_{\widehat{L}} \mathrm{tr}\ T_\chi\ \mathrm{d}\chi = \sum_{x\in\mathcal{F}} \mathrm{tr}\ t(x,x)m(x) = \mathrm{tr}_L\ T$$

$\sqrt{-D}$ のスペクトル分解 $\sqrt{-D} = \int \lambda\ \mathrm{d}\boldsymbol{E}(\lambda)$ に対して，(**積分**) **状態密度**は $\varphi(\lambda) = \mathrm{tr}_L\ \boldsymbol{E}(\lambda)$ により定義される．φ は非減少関数であり，$\int_0^\infty \mathrm{d}\varphi(\lambda) = 3n$ を満たす．状態密度の名前の由来は，つぎの課題で述べる事実にある．

課題 4.1 格子群の減少列 $L = L_0 \supset L_1 \supset L_2 \supset \cdots$ が $\bigcap_{i=0}^\infty L_i = \{0\}$ を満たすとき，関数 $\varphi(\lambda)$ はその連続点で極限 $\lim_{i\to\infty} \#(L/L_i)\varphi_i(\lambda)$ と一致することを示せ．ここで φ_i は周期境界値問題

$$\sqrt{-D}\boldsymbol{f} = \lambda\boldsymbol{f}, \qquad \boldsymbol{f}(\sigma x) = \boldsymbol{f}(x) \quad (\sigma \in L)$$

に対する固有値 $\{\lambda_k\}$ の数え上げ関数 $\#\{\lambda_k \le \lambda\}$ である．

さて，

$$f(\sqrt{-D}) = \int_{\widehat{L}} f(\sqrt{-D_\chi})\ \mathrm{d}\chi,$$
$$\int_{\widehat{L}} \mathrm{tr}\ f(\sqrt{-D_\chi})\ \mathrm{d}\chi = \mathrm{tr}_L\ f(\sqrt{-D}) = \int f(\nu)\ \mathrm{d}\varphi(\nu) \tag{4.11}$$

であることを使えば次式が得られる．

$$U_0 = \frac{\hbar}{2}\int_0^\infty \nu\ \mathrm{d}\varphi(\nu), \quad U_1(T) = \int_0^\infty \frac{\hbar\nu}{\mathrm{e}^{\hbar\nu/kT}-1}\mathrm{d}\varphi(\nu),$$
$$C(T) = \frac{\partial U_1}{\partial T} = \int_0^\infty \frac{\frac{\hbar^2\nu^2}{kT^2}\mathrm{e}^{\hbar\nu/kT}}{\left(\mathrm{e}^{\hbar\nu/kT}-1\right)^2}\mathrm{d}\varphi(\nu)$$

例題 4.1 古典統計力学の方法により，デュロン-プティの法則を示せ．
【解】 ハミルトン関数 $H_{\chi,i}$ に対する古典統計力学における分配関数は

$$Z_{\chi,i}(T) = \int_{\mathbb{R}^2} \exp\left(-\frac{H_{\chi,i}(p_i,q_i)}{kT}\right) \mathrm{d}p_i\mathrm{d}q_i$$
$$= \int_{\mathbb{R}^2} \exp\left(-\frac{\sqrt{\lambda_i(\chi)}}{2kT}(p_i^2+q_i^2)\right) \mathrm{d}p_i\mathrm{d}q_i = \frac{2k\pi}{\sqrt{\lambda_i(\chi)}}T$$

により与えられる．よって，平衡状態の内部エネルギーは $U_{\chi,i}(T)=kT$ であり，単位胞当たりの固体の内部エネルギーは

$$U(T) = \int_{\widehat{L}} \sum_{i=1}^{3n} U_{\chi,i}(T) \,\mathrm{d}\chi = 3nkT$$

により与えられる． □

■4.5 T^3 法則

目標は $U_1(T)$ および比熱 $C(T)$ の $T\downarrow 0$ における漸近挙動を確立することである．このため，$\varphi(\nu)$ の $\nu\downarrow 0$ における漸近挙動を調べる必要がある．

$$\varphi_\chi(\nu) = \#\{\sqrt{\lambda_i(\chi)} \leq \nu\}$$

と置けば，(4.11)から十分小さい正数 $\nu>0$ に対して

$$\begin{aligned}
\varphi(\nu) &= \int_{\widehat{L}} \varphi_\chi(\nu) \,\mathrm{d}\chi \\
&= \mathrm{vol}\left(\{\chi \in \widehat{L};\ \varphi_\chi(\nu) = 1\}\right) \\
&\quad + \mathrm{vol}\left(\{\chi \in \widehat{L};\ \varphi_\chi(\nu) = 2\}\right) \\
&\quad + \mathrm{vol}\left(\{\chi \in \widehat{L};\ \varphi_\chi(\nu) = 3\}\right) \\
&= \mathrm{vol}\left(\{\chi \in \widehat{L};\ \sqrt{\lambda_1(\chi)} \leq \nu < \sqrt{\lambda_2(\chi)}\}\right) \\
&\quad + \mathrm{vol}\left(\{\chi \in \widehat{L};\ \sqrt{\lambda_2(\chi)} \leq \nu < \sqrt{\lambda_3(\chi)}\}\right) \\
&\quad + \mathrm{vol}\left(\{\chi \in \widehat{L};\ \sqrt{\lambda_3(\chi)} \leq \nu\}\right)
\end{aligned}$$

$$= \sum_{\alpha=1}^{3} \mathrm{vol}\left(\{\chi;\ \sqrt{\lambda_\alpha(\chi)} \le \nu\}\right)$$

が成り立つ(光学型分枝は正定数で下から抑えられていることに注意). よって $\mathrm{vol}\left(\{\chi;\ \sqrt{\lambda_\alpha(\chi)} \le \nu\}\right)$ $(\alpha=1,2,3)$ に対する漸近挙動を調べればよい.

4.2 節で述べたように, 対応 $\boldsymbol{\xi}\in\mathbb{R}^3 \mapsto \chi\in\widehat{L}$ を通して $\widehat{L}$ をトーラス $J_L=\mathbb{R}^3/L^*$ と同一視する. ここで $\chi(\sigma)=\exp\left(2\pi\sqrt{-1}\boldsymbol{\xi}\cdot\sigma\right)$ である. よって, 自明な指標 $\mathbf{1}$ の周りの十分小さい近傍 $U(\mathbf{1})$ は, $\mathbb{R}^3$ における原点 0 の周りの近傍 $U(0)$ と同一視される. 以下, この同一視の下で, D_χ を $D_{\boldsymbol{\xi}}$ により表わし, 音響型分枝 $\lambda_\alpha(\chi)$ を $\lambda_\alpha(\boldsymbol{\xi})$ により表わす.

$\boldsymbol{\xi}\in U(0)$ に対して, 作用素 $D_{\boldsymbol{\xi}}$ は

$$D_{\boldsymbol{\xi}}^0 \boldsymbol{f}(x) = \frac{1}{m(x)} \sum_{e\in E_{0,x}} A(e)\{e^{2\pi\sqrt{-1}\boldsymbol{\xi}\cdot s(e)}\boldsymbol{f}(te) - \boldsymbol{f}(oe)\}$$

により定義される作用素 $D_{\boldsymbol{\xi}}^0 : C(V_0, \mathbb{C}^3) \longrightarrow C(V_0, \mathbb{C}^3)$ とユニタリ同値である. 実際,

$$\boldsymbol{f} \in C(V_0, \mathbb{C}^3) \mapsto s(x) = \exp\left(2\pi\sqrt{-1}\boldsymbol{\xi}\cdot\Phi(x)\right)\boldsymbol{f}(\pi(x))$$

が求めるユニタリ同値写像を与える. ここで $\pi: V \longrightarrow V_0$ は $x\in V$ にその同値類を対応させる標準的写像である. $s(x)$ が S_χ に属することは

$$s(\sigma x) = \exp\left(2\pi\sqrt{-1}\boldsymbol{\xi}\cdot(\Phi(x)+\sigma)\right)\boldsymbol{f}(\pi(x))$$
$$= \exp\left(2\pi\sqrt{-1}\boldsymbol{\xi}\cdot\sigma\right)s(x)$$

による. また, $D_{\boldsymbol{\xi}}$ が $D_{\boldsymbol{\xi}}^0$ とユニタリ同値であることはつぎの計算による.

$(Ds)(x)$
$$= \frac{1}{m(x)} \sum_{e \in E_x} A(e) \bigl[\mathrm{e}^{2\pi\sqrt{-1}\boldsymbol{\xi}\cdot\boldsymbol{\Phi}(te)} \boldsymbol{f}(\pi(te))$$
$$-\mathrm{e}^{2\pi\sqrt{-1}\boldsymbol{\xi}\cdot\boldsymbol{\Phi}(oe)} \boldsymbol{f}(\pi(oe))\bigr]$$
$$= \mathrm{e}^{2\pi\sqrt{-1}\boldsymbol{\xi}\cdot\boldsymbol{\Phi}(x)}$$
$$\times \frac{1}{m(x)} \sum_{e \in E_x} A(e) \bigl[\mathrm{e}^{2\pi\sqrt{-1}\boldsymbol{\xi}\cdot(\boldsymbol{\Phi}(te)-\boldsymbol{\Phi}(oe))} \boldsymbol{f}(\pi(te))$$
$$-\boldsymbol{f}(\pi(oe))\bigr]$$
$$= \mathrm{e}^{2\pi\sqrt{-1}\boldsymbol{\xi}\cdot\boldsymbol{\Phi}(x)} \frac{1}{m(x)} \sum_{e \in E_{0\pi(x)}} A(e) \bigl[\mathrm{e}^{2\pi\sqrt{-1}\boldsymbol{\xi}\cdot s(e)} \boldsymbol{f}(te)$$
$$-\boldsymbol{f}(oe)\bigr]$$
$$= \mathrm{e}^{2\pi\sqrt{-1}\boldsymbol{\xi}\cdot\boldsymbol{\Phi}(x)} \bigl(D_{\boldsymbol{\xi}}^0 \boldsymbol{f}\bigr)(\pi(x))$$

$\boldsymbol{\xi} \in \mathbb{R}^3$ を固定しよう.このとき $t \in \mathbb{R}$ の絶対値が十分小さければ,$t\boldsymbol{\xi}$ は $U(0)$ に属し,$D_{t\boldsymbol{\xi}}^0$ は $t \in \mathbb{R}$ に解析的に依存する対称行列の 1 径数族である.一般に,対称行列の 1 径数族について,つぎの定理が成り立つ.

定理 ([6]) $A(t)$ を n 次対称行列の解析的 1 径数族とする.このとき,t について解析的に依存する関数 $\lambda_1(t), \cdots, \lambda_n(t)$,および正規直交基底 $u_1(t), \cdots, u_n(t)$ で $A(t)u_i(t) = \lambda_i(t) u_i(t)$ を満たすものが存在する.

音響型分枝 $\lambda_\alpha(\boldsymbol{\xi})$ は $\boldsymbol{\xi}$ に関して解析的であるとは限らない.なぜなら,それらは $\boldsymbol{\xi}=\boldsymbol{0}$ あるいは他の $\boldsymbol{\xi}$ において分岐する可能性があるからである.しかし,上記の定理は,$\lambda_\alpha(t\boldsymbol{\xi})$ が $[0,\epsilon)$ において実解析的となるような $\epsilon>0$ が存在することを示している.よって,極限 $\lim_{t\downarrow 0} \frac{1}{t^2} \lambda_\alpha(t\boldsymbol{\xi})$ が存在する.議論の核心はつぎの事実にある.

$$\lim_{t\downarrow 0}\frac{1}{t^2}\lambda_\alpha(t\boldsymbol{\xi}) = 4\pi^2 v_\alpha(\boldsymbol{\xi})^2 \quad (4.12)$$

$v_\alpha(\boldsymbol{\xi})^2$ は対称行列 $A(\boldsymbol{\xi}) = \dfrac{1}{2m(V_0)}\sum_{e\in E_0}(\boldsymbol{\xi}\cdot s(e))^2 A(e)$ の固有値であることを思い出そう.

(4.12)の証明を与える.上の定理で述べた事実から,$t \geq 0$ に解析的に依存する正規直交系 $\boldsymbol{f}_{1,t}, \boldsymbol{f}_{2,t}, \boldsymbol{f}_{3,t} \in C(V_0, \mathbb{C}^3)$ で,

$$-D_t \boldsymbol{f}_{\alpha,t} = \lambda_\alpha(t) \boldsymbol{f}_{\alpha,t} \quad (\alpha = 1,2,3) \quad (4.13)$$

を満たすものが存在する.ここで $D_t = D_{t\boldsymbol{\xi}}^0$,$\lambda_\alpha(t) = \lambda_\alpha(t\boldsymbol{\xi})$ とする.$\boldsymbol{f}_{\alpha,0}$ は定数関数であることを思い出そう.$e_\alpha(\boldsymbol{\xi}) = m(V_0)^{1/2}\boldsymbol{f}_{\alpha,0}(x)$ と置けば,$e_1(\boldsymbol{\xi}), e_2(\boldsymbol{\xi}), e_3(\boldsymbol{\xi})$ は $\mathbb{C}^3$ の正規直交基底である.

(4.13)の両辺を t に関して微分し,$t=0$ とすれば

$$-\frac{1}{m(x)}\sum_{e\in E_{0x}} A(e)\bigl[2\pi\sqrt{-1}(\boldsymbol{\xi}\cdot s(e))\boldsymbol{f}_{\alpha,0}(te) + \dot{\boldsymbol{f}}_{\alpha,0}(te) - \dot{\boldsymbol{f}}_{\alpha,0}(oe)\bigr]$$
$$= \dot\lambda_\alpha(0)\boldsymbol{f}_{\alpha,0} + \lambda_\alpha(0)\dot{\boldsymbol{f}}_{\alpha,0}$$

を得る.$\boldsymbol{f}_{\alpha,0}$ は定数であり,$\dot\lambda_\alpha(0) = \lambda_\alpha(0) = 0$ であるから,(4.7)を使うことによって

$$\frac{1}{m(x)}\sum_{e\in E_{0x}} A(e)\bigl(\dot{\boldsymbol{f}}_{\alpha,0}(te) - \dot{\boldsymbol{f}}_{\alpha,0}(oe)\bigr) = 0$$

を得る.よって $\dot{\boldsymbol{f}}_{\alpha,0}$ は定数である.

つぎに(4.13)の両辺を 2 回微分することによって

$$-\frac{1}{m(x)}\sum_{e\in E_{0x}} A(e)\bigl[-4\pi^2(\boldsymbol{\xi}\cdot s(e))^2\boldsymbol{f}_{\alpha,0}(te) + 4\pi\sqrt{-1}\chi\cdot s(e)\dot{\boldsymbol{f}}_{\alpha,0}(te)$$
$$+ \ddot{\boldsymbol{f}}_{\alpha,0}(te) - \ddot{\boldsymbol{f}}_{\alpha,0}(oe)\bigr] = \ddot\lambda_\alpha(0)\boldsymbol{f}_{\alpha,0}(x)$$

$\dot{\boldsymbol{f}}_{\alpha,0}$ が定数であることを使えば,再び(4.7)によってつぎの式が得られる.

$$-\frac{1}{m(x)}\sum_{e\in E_{0x}} A(e)\bigl[-4\pi^2(\boldsymbol{\xi}\cdot s(e))^2\boldsymbol{f}_{\alpha,0}(te) + \ddot{\boldsymbol{f}}_{\alpha,0}(te) - \ddot{\boldsymbol{f}}_{\alpha,0}(oe)\bigr]$$
$$= \ddot\lambda_\alpha(0)\boldsymbol{f}_{\alpha,0}(x)$$

これと $\boldsymbol{f}_{\beta,0}$ との内積を取り，$\langle D\ddot{\boldsymbol{f}}_{\alpha,0}, \boldsymbol{f}_{\beta,0}\rangle = \langle \ddot{\boldsymbol{f}}_{\alpha,0}, D\boldsymbol{f}_{\beta,0}\rangle = 0$ に注意すれば，

$$4\pi^2 \sum_{e \in E_0} (\boldsymbol{\xi} \cdot s(e))^2 A(e) \boldsymbol{f}_{\alpha,0}(te) \cdot \overline{\boldsymbol{f}_{\beta,0}(oe)}$$
$$= \ddot{\lambda}_\alpha(0) \sum_{x \in V_0} \boldsymbol{f}_{\alpha,0}(x) \cdot \overline{\boldsymbol{f}_{\beta,0}(x)} m(x)$$
$$= \ddot{\lambda}_\alpha(0) \delta_{\alpha\beta}$$

あるいは，これを書き直して

$$A(\boldsymbol{\xi}) e_\alpha(\boldsymbol{\xi}) \cdot \overline{e_\beta(\boldsymbol{\xi})} = \frac{1}{8\pi^2} \ddot{\lambda}_\alpha(0) \delta_{\alpha\beta}$$

を得る．$\frac{1}{2}\ddot{\lambda}_\alpha(0) = \lim_{t\to 0} \lambda_\alpha(t\boldsymbol{\xi})$ であるから，$\frac{1}{4\pi^2} \lim_{t\to 0} \frac{1}{t^2} \lambda_\alpha(t\boldsymbol{\xi})$ は $A(\boldsymbol{\xi})$ の固有値であり，$e_\alpha(\boldsymbol{\xi})$ はその固有ベクトルである．

$\widehat{L}$ 上の測度 $d\chi$ は $\text{vol}(J_L)^{-1} d\boldsymbol{\xi}$ により与えられたことを思い出そう．$\boldsymbol{V} = \text{vol}(J_L)^{-1}$ は単位胞の体積であることに注意．ここで $A_\alpha(\nu) = \{\boldsymbol{\xi} \in \mathbb{R}^3;\ \sqrt{\lambda_\alpha(\boldsymbol{\xi})} \leq \nu\}$（$1_A$ は $\mathbb{R}^3$ の部分集合 A の定義関数）と置いて，つぎのような書き換えを行う．

$$\text{vol}(\{\chi \in \widehat{L};\ \sqrt{\lambda_\alpha(\chi)} \leq \nu\}) = \boldsymbol{V} \int_{A_\alpha(\nu)} d\boldsymbol{\xi}$$
$$= \boldsymbol{V} \int_{\mathbb{R}^3} 1_{A_\alpha(\nu)}(\boldsymbol{\xi})\, d\boldsymbol{\xi}$$
$$= \boldsymbol{V} \nu^3 \int_{\mathbb{R}^3} 1_{A_\alpha(\nu)}(\nu\boldsymbol{\xi})\, d\boldsymbol{\xi}$$

さらに $A_\alpha = \{\boldsymbol{\xi} \in \mathbb{R}^3;\ v_\alpha(\boldsymbol{\xi}) \leq 1/2\pi\}$ とすれば

$$1_{A_\alpha(\nu)}(\nu\boldsymbol{\xi}) = \begin{cases} 1 & (\nu^{-2}\lambda_\alpha(\nu\boldsymbol{\xi}) \leq 1 \text{ の場合}) \\ 0 & (\text{その他の場合}) \end{cases}$$

であるから，$\lim_{\nu \downarrow 0} 1_{A_\alpha(\nu)}(\nu\boldsymbol{\xi}) = 1_{A_\alpha}(\boldsymbol{\xi})$ が得られる．このことから，

$$\lim_{\nu \downarrow 0} \text{vol}(\{\chi \in \widehat{L};\ \sqrt{\lambda_\alpha(\chi)} \leq \nu\}) \nu^{-3} = \boldsymbol{V} \int_{\mathbb{R}^3} 1_{A_\alpha}(\boldsymbol{\xi})\, d\boldsymbol{\xi}$$

となる.極座標 $(r,\Omega)\in\mathbb{R}_+\times S^2$ を使って計算すれば

$$\int_{\mathbb{R}^3} 1_{A_\alpha}(\boldsymbol{\xi})\,\mathrm{d}\boldsymbol{\xi} = \int_{(r,\Omega);\ v_\alpha(\Omega)r\leq 1/2\pi} r^2 \mathrm{d}r\mathrm{d}\Omega$$
$$= \frac{1}{3(2\pi)^3}\int_{S^2}\frac{1}{v_\alpha(\Omega)^3}\,\mathrm{d}\Omega$$

が導かれるから,これまでの計算をまとめれば,

$$\lim_{\lambda\downarrow 0}\varphi(\nu)\nu^{-3} = \frac{1}{3(2\pi)^3}\boldsymbol{V}\int_{S^2}\sum_{\alpha=1}^{3}\frac{1}{v_\alpha(\Omega)^3}\,\mathrm{d}\Omega \quad (4.14)$$

T^3 法則を証明しよう.(4.14)の右辺を C_0 と置く.

$$U_1(T) = \int_0^\infty \frac{\hbar\nu}{\mathrm{e}^{\hbar\nu/kT}-1}\,\mathrm{d}\varphi(\nu)$$

において変数変換 $x=\hbar\nu/kT$ を行えば

$$U_1(T) = \hbar^{-3}k^4T^4\int_0^\infty \frac{x}{\mathrm{e}^x-1}(w_T)^{-3}\mathrm{d}\varphi(w_T x)$$

が得られる.ここで,$w_T=kT/\hbar$ と置いた.$\varphi(\nu)\sim C_0\nu^3$ を使えば,

$$\lim_{T\downarrow 0}U_1(T)T^{-4} = 3\hbar^{-3}k^4C_0\int_0^\infty \frac{x^3}{\mathrm{e}^x-1}\,\mathrm{d}x = \frac{1}{5}\pi^4 C_0\hbar^{-3}k^4$$

となる(例題 3.2).まったく同様に

$$C(T) = \hbar^{-3}k^4T^3\int_0^\infty \frac{x^2\mathrm{e}^x}{(\mathrm{e}^x-1)^2}(w_T)^{-3}\mathrm{d}\varphi(w_T x)$$

が得られ,従って目標であった T^3 法則

$$\lim_{T\downarrow 0}C(T)T^{-3} = \hbar^{-3}k^4C_0\int_0^\infty \frac{x^4\mathrm{e}^x}{(\mathrm{e}^x-1)^2}\mathrm{d}x = \frac{4}{5}\pi^4 c_0\hbar^{-3}k^4C_0$$

が得られる(演習問題 3.1).

例題 4.2 結晶格子の連続体極限が等方的弾性体の場合,c_l を縦波の位相速度,c_t を横波の位相速度とするとき

$$C_0 = \frac{\boldsymbol{V}}{6\pi^2}\left(\frac{1}{c_l^3}+\frac{2}{c_t^3}\right)$$

であることを示せ*.

【解】 λ, μ を等方的弾性体のラメの弾性定数** とすると,

$$\sum_{i,j=1}^{3}\xi_i\xi_j(A_{ij})_{\alpha\beta} = (\lambda+\mu)\xi_i\xi_j + \mu\delta_{\alpha\beta}\|\boldsymbol{\xi}\|^2$$

が成り立つ. 行列 $A(\boldsymbol{\xi})=\rho^{-1}\sum_{i,j=}^{3}\xi_i\xi_j A_{ij}$ の固有値は

$$(\lambda+2\mu)\rho^{-1}\|\boldsymbol{\xi}\|^2 \quad (\text{重複度 }1), \qquad \mu\rho^{-1}\|\boldsymbol{\xi}\|^2 \quad (\text{重複度 }2)$$

である. よって

$$v_1(\boldsymbol{\xi}) = v_2(\boldsymbol{\xi}) = \sqrt{\frac{\mu}{\rho}}\|\boldsymbol{\xi}\|, \quad v_3(\boldsymbol{\xi}) = \sqrt{\frac{\lambda+2\mu}{\rho}}\|\boldsymbol{\xi}\|$$

$c_l=\sqrt{\dfrac{\lambda+2\mu}{\rho}}$ は縦波の位相速度, $c_t=\sqrt{\dfrac{\mu}{\rho}}$ は横波の位相速度であるから,

$$C_0 = \frac{1}{3(2\pi)^3}\boldsymbol{V}\int_{S^2}\sum_{\alpha=1}^{3}\frac{1}{v_\alpha(\Omega)^3}\,d\Omega = \frac{\boldsymbol{V}}{6\pi^2}\left(\frac{1}{c_l^3}+\frac{2}{c_t^3}\right) \qquad \square$$

例題 4.3 一様な弾性体に対して, $\mathcal{D}=\rho^{-1}\sum_{i,j=1}^{3}A_{ij}\dfrac{\partial^2}{\partial x_i\partial x_j}$ と置き, $\sqrt{-\mathcal{D}}=\int_{-\infty}^{\infty}\lambda\,d\boldsymbol{E}(\lambda)$ を $\sqrt{-\mathcal{D}}$ のスペクトル分解とする. 弾性体の積分状態密度を $\varphi_0(\nu)=\mathrm{tr}_L\boldsymbol{E}(\nu)$ により定義するとき, $\varphi_0(\nu)=C_0\nu^3$ であることを示せ.

【解】 $K(t,\boldsymbol{x},\boldsymbol{y})$ を $\mathrm{e}^{t\mathcal{D}}$ の核関数, すなわち放物型方程式 $\dfrac{\partial\boldsymbol{f}}{\partial t}=\mathcal{D}\boldsymbol{f}$ の基本解とする. $\mathrm{e}^{t\mathcal{D}}$ の L 跡は

$$\mathrm{tr}_L \mathrm{e}^{t\mathcal{D}} = \int_P \mathrm{tr}\, K(t,\boldsymbol{x},\boldsymbol{x})\,d\boldsymbol{x}$$

により与えられる. フーリエ変換を行うことにより

$$K(t,\boldsymbol{x},\boldsymbol{y}) = (2\pi)^{-3}\int_{\mathbb{R}^3}\mathrm{e}^{-tA(\boldsymbol{\xi})+\sqrt{-1}(\boldsymbol{x}-\boldsymbol{y})\cdot\boldsymbol{\xi}}\,d\boldsymbol{\xi}$$

が得られる. よって

---

* この定数 C_0 をもつ比熱公式が, デバイの得た結果である.
** 本講座「物の理・数の理 3」2.2 節参照.

$$\mathrm{tr}_L e^{t\mathcal{D}} = \boldsymbol{V}\ \mathrm{tr}\ K(t,\boldsymbol{x},\boldsymbol{x}) = (2\pi)^{-3}\boldsymbol{V}\int_{S^2}\mathrm{d}\Omega\int_0^\infty r^2\ \mathrm{tr}\ e^{-r^2 A(\Omega)t}\ \mathrm{d}r$$

$$= (2\pi)^{-3}\boldsymbol{V}\int_{S^2}\mathrm{d}\Omega\int_0^\infty r^2\sum_{\alpha=1}^3 \exp\left(-r^2 v_\alpha(\Omega)^2 t\right)\ \mathrm{d}r$$

等式 $\int_0^\infty r^2 e^{-ar^2}\ \mathrm{d}r = \dfrac{\sqrt{\pi}}{4}a^{-\frac{3}{2}}$ を利用して

$$\mathrm{tr}_L e^{t\mathcal{D}} = \frac{\sqrt{\pi}}{4}(2\pi)^{-3}\boldsymbol{V}t^{-\frac{3}{2}}\int_{S^2}\sum_{\alpha=1}^3 v_\alpha(\Omega)^{-3}\ \mathrm{d}\Omega$$

を得る. ところで

$$\int_0^\infty e^{-\nu^2 t}\mathrm{d}\varphi_0(\nu) = \mathrm{tr}_L e^{t\mathcal{D}} = \frac{3}{4}\sqrt{\pi}C_0 t^{-\frac{3}{2}}$$

であり, $\int_0^\infty e^{-\nu^2 t}\ \mathrm{d}(\nu^3) = \dfrac{3}{4}\sqrt{\pi}t^{-\frac{3}{2}}$ であるから求める式 $\varphi_0(\lambda) = C_0\nu^3$ が得られる. □

あとがき

　ここまで，基礎物理学で扱われる標準的トピックを材料にして書き進めてきた．所期の目標は，この段階でほぼ達せられたように思う．もちろん，他にも取り上げなければならない話題はあるが，あらかじめ決められたページ数を既に超過していることもあり，ここで筆を置くことにする．

　「物の理・数の理」全巻を通じて，幾何学的傾向が濃厚であることを読者は感じるであろう．これは，重点的に取り上げた話題(なかでも拘束系や相対論，量子力学における対称性)の性格とともに，筆者の専門が幾何学であることによる．しかし，幾何学と物理学の間の歴史的関係を慮れば，幾何学の観点から物理学を俯瞰することは，決して視野の狭い目論見ではないと信ずる．

　また，数学的には可能な限り自己充足的(self-contained)なスタイルを守ろうとしたが，ページ数の制約もあり，最小限の解説に留まっているところが多々ある．実際，本書に登場したそれぞれの数学理論を完全に解説するには数冊の本を必要とするから，このような妥協は必要なのである．いや，むしろ数学的に完璧なものを望めば，物理の姿がぼやけてしまうだろう．

　いずれにしても，扱う対象は物理の枠内にあるものの，本書はあくまで数学の「テキスト」である．すなわち，完全に数学の価値観と美意識により物理学を見渡しているから，「数学の，数学による，数学のためのテキスト」という「悪口」が聞こえてきても，それを甘受せざるをえない．言い訳になるが，物理

学を研究するのに必須な「物理的」センスを培い直観を養うには，やはり物理学の講義を聴くかテキストを読むしかないのである．

数学と物理の「違い」を理解してもらうために，ファインマンの言葉を引用しておこう．「ここで提示した証明は厳密ではない．問題なのは**事実**であって**証明**ではないので，厳密さにはこだわらない．物理は証明なしで進むことができるが，事実なしでは進めない．証明は，よい練習問題という意味では有用である．事実が正しいとすれば，証明は計算を正しくできるかどうかの問題になる」*（強調は筆者による）．また，アインシュタインが，ある数学者に言った言葉「君たちの仕事は僕のものより楽だ．何故なら君たちのすることは**正確**でありさえすればいいけれど，僕のすることは**正確**でしかも**正しく**なければならないからだ」も，物理学者から見た数学と物理の立場の違いを言い表わしている．しかし，数学者として敢えて言わせてもらえば，数学は正確であればすべていいのではなく，**正確**でしかも**美しく深く**なければならない．だから，数学が物理学より楽ということにはならない**．

例を挙げよう．本講座「物の理・数の理 3」の 3.4 節で扱った空洞放射の問題に対しては，ほとんどの物理学のテキストでは空洞領域として直方体を考え，この場合に固有振動数を具体的に計算することで済ませている．一般の領域に対する結果は，この例と実験結果から推し量ることになる．ファインマンが言う

---

* ファインマン，モリニーゴ，ワーグナー著，ハットフィールド編，和田純夫訳『ファインマン講義 重力の理論』岩波書店，1999 年．
** アインシュタインはこうも言っている．「自然界は理性の言葉によって理解されるが，理論が受け入れられるかの判定条件は最終的にはその美しさにかかっている．」

ように，確かに厳密な証明がなくても，事実が現に存在するのだから物理学者の立場からはこれで十分なのである．しかし数学者は，その証明にこだわる*．そして，一般の空洞放射の数学的定式化と厳密な証明は，単に「良い練習問題」というわけではない．実際，その試みは美しく深い理論である大域解析学の発展の契機となったのである(そして，その成果は再び理論物理学へフィードバックされている)．

　本文でもたびたび触れたように，数学と物理学の発展は不可分一体と言える．しかし，今述べたように数学と物理学は，それぞれ独自の価値観をもっている．数学的概念は，数学の自己運動の中で磨かれ深化し，物理的概念は，「世界」を的確に表現するために研ぎ澄まされていく．にも拘わらず，精神世界に深く切り込んでいく数学と，目の前の世界の諸現象の本質を見出そうとする物理学が，予定調和の如く関連し合う事実は，第1巻の「まえがき」で述べたウィグナーの問を諸人に想起させるのである．

＊　「平行線の公理」が他の公理からの帰結ではないかと疑い，数学者がその「証明」にこだわらなかったならば，非ユークリッド幾何学も誕生しなかったし，その延長上にある一般相対論も日の目を見なかっただろう(たとえ「証明」が無駄な努力であったとしても)．

参考文献

　量子力学のテキストは数多くあり，ここでは量子力学の歴史と理論の双方にくわしく，古くから定評のある[1]と，平易な解説で読みやすい[2]を挙げておく．

[1] 朝永振一郎：量子力学(第2版) I, II, みすず書房，1969, 1997.

[2] 原島鮮：初等量子力学，裳華房，1972.

　量子力学の数学的側面については，フォン・ノイマンによる金字塔的著作である[3]，あるいは，より現代的解説が与えられている[4]を見るとよい．

[3] J.V. ノイマン(井上健，広重徹，恒藤敏彦共訳)：量子力学の数学的基礎，みすず書房，1957.

[4] 新井朝雄，江沢洋：量子力学の数学的構造 I, II, 朝倉書店，1999.

　ヒルベルト空間論と線形作用素論(関数解析)は，フォン・ノイマンによる量子力学の数学的基礎付けの中で整理・発展した分野である．関数解析のテキストも数多くあり，その1つとして[5]を薦める．

[5] 竹之内脩：関数解析，朝倉書店，1968.

　[6]は，作用素の摂動理論を主題とする大部の本の抜粋であるが，本書で利用した行列の摂動については類書がほとんどなく，現在でも基本的文献としての地位を保っている．

　超幾何微分方程式は工学，物理学の現れる偏微分方程式の「変数分離法」による解法で重要な役割を果たす．これについては，

[7]を参照してほしい.

[6] 加藤敏夫(丸山徹訳):行列の摂動, シュプリンガー・フェアラーク東京, 1999.

[7] 犬井鉄郎:特殊関数, 岩波書店, 1962.

本書ではくわしく述べることのできなかった結晶固体の理論については, 古典的な文献である[9]と, 標準的教科書である[11]が参考になる. また, ブロッホ理論を幾何学的な観点から扱ったものとして, 拙著[8]を挙げておく.

[10]は, ワイルの量子化を1つの主題とした調和解析学の本であり, 数学的によく整理された好著である.

[8] 砂田利一:基本群とラプラシアン, 紀伊國屋書店, 1988.

[9] M. Born and K. Huang: Dynamical Theory of Crystal Lattices, Oxford University Press, 1954.

[10] G. B. Folland: Harmonic Analysis in Phase Space, Princeton University Press, 1989.

[11] W. A. Harrison: Solid State Theory, Dover, 1980.

索　引

英数字

L 跡　99, 108
T^3 法則　89, 107
$U(1)$ 接続　79
$U(1)$ 束　79

あ 行

アインシュタイン(A. Einstein)
　5, 11, 15, 88, 112
アインシュタインの関係式　15
アハロノフ(Y. Aharonov)　75
アハロノフ-ボーム効果　75
安定状態　15
位相差　10
位置作用素　37, 41
一様な弾性体　93
一般化されたフーリエ変換　17
ウィグナー(E. P. Wigner)
　113
ウーレンベック
　(G. E. Uhlenbeck)　60
ヴェイユの量子化条件　81
運動方程式(量子力学的)　8
運動量作用素　37, 41
エーレンフェストの定理　37
エルゴード的　19
エルミート作用素　7
エルミート多項式　44
エントロピー　29
エントロピー最大の原理　30
音響位相速度　96
音響型分枝　98

か 行

外微分作用素　34
角速度　4
確率空間　10
確率分布　28
隠れた変数　11
カシミア作用素　52
換算質量　4
完全積分可能系　19
緩増加超関数　39
期待値(物理量の)　10
軌道角運動量　49, 69
軌道空間　10
ギブス分布　29, 73
逆格子　25
既約ユニタリ表現　21
共変微分　78
共役作用素　7
曲率　80
空洞放射　2, 74
クーロン・ポテンシャル
　70, 83
クーロン力　3, 68
グラスマン(H. G. Grassmann)
　64
クリフォード(W. K. Clifford)

64
クリフォード代数　64
結晶　84
結晶格子　85
光学型分枝　98
交換子積　17
光子　31
格子群　24, 85
格子振動　91
拘束運動　33
光電効果　3, 15, 16
光電子　3, 15
コーシー主値　38
固有状態　14
固有値　14
コンパクト作用素　28

さ 行

サイクロトロン運動　46
磁気単極子　81
磁気量子数　57, 73
自己共役作用素　7
指数関数　17
質量密度　93
磁場　75
自明な表現　20
射影空間　10
射影作用素　10
シュアの補題　22
自由エネルギー最小の原理　30
シュテファン-ボルツマンの法則　3, 74
主量子数　73
シュレーディンガー（E. Schrödinger）　5

シュレーディンガー方程式　8, 34
シュワルツの不等式　15
商集合　10
状態　7
状態空間　7
状態密度　101
状態和　29
シンプレクティック群　58
シンプレクティック形式　97
シンプレクティック多様体　6, 33
水素原子　3, 68
数空間　36
スカラーモデル　95
ストーンの定理　9, 21
スピノール　66, 82
スピン　82
スピン角運動量　66
スピン表現　66
スペクトラム　13
スペクトル　13
スペクトル（光の）　4
スペクトル族　10, 38
スペクトル分解　9, 38
正規直交基底　7
静磁場　33
正準交換関係　37
正準座標系　36
正準分布　29
正準量子化　35
正則表現　25, 88
静電場　33
ゼータ関数　74
ゼーマン効果　83

跡　27
跡族　27
積分状態密度　85, 101
接続　78
絶対温度　29
切断　79
全角運動量　66
前期量子論　5, 72, 88
相空間　6
双対格子　25
測定　9, 11
測定値　9, 12
測度空間　23

　　　た　行

大域的ベクトル・ポテンシャル
　　33, 78
対称群　26
対称作用素　7
対称性　20
体積要素　33
ダイヤモンド格子　86
単位胞　86
単原子結晶格子　95
弾性定数テンソル　93
弾性波　93
力の定数行列　93
調和振動子　73
調和多項式　54
直積分　24
直積分分解　23, 88, 100
直和（ユニタリ表現の）　20
直交射影作用素　11
ディラック（P. A. M. Dirac）
　　6, 60, 65, 81, 82

ディラック測度　14
デバイ（P. J. W. Debye）
　　88, 107
デュロン-プティの法則
　　84, 88 101
電子　3, 16, 31, 60, 66, 72, 77,
　　81, 82, 87
テンソル積　12
テンソル積（ユニタリ表現の）
　　21
同型（量子力学系の）　8
統計行列　27
等速円運動　4
等方的弾性体　107
独立結合系　30
独立結合系（量子力学系の）　12
ド・ブロイ（L. -V. de Broglie）
　　15

　　　な　行

内部エネルギー　2, 29, 73, 99
ニュートン（Sir Issac Newton）
　　16
ネーターの定理　20, 22

　　　は　行

パーセヴァルの定理　38
ハール測度　25
ハイゼンベルク
　（W. K. Heisenberg）　5
ハイゼンベルク群　41
ハイゼンベルクの方程式　17
ハウトスミット
　（S. A. Goudsmit）　60
パウリの行列　61, 82

索引

パウリの作用素　82
パウリの方程式　82
波動関数　7, 33
ハミルトニアン　7
ハミルトン(W. R. Hamilton)　64
ハミルトン関数　6
ハミルトン形式　6
ハミルトンの方程式　6
ハミルトン流　6
バルマー(J. J. Balmer)　5
微視的状態　6, 27
比熱　84, 89, 102
微分表現　21, 49
表現空間　20
ヒルベルト変換　38
ファイバー　79
ファインマン(R. P. Feynman)　112
フーリエ解析　38
フェルミ-ディラック統計　31
フェルミ粒子　26, 31
フォノン　99
フォン・ノイマン(J. von Neumann)　6
フォン・ノイマン跡　99
不確定性原理　16
複素直線束　79
付随する物理量　21
フック弾性体　93
物理量(古典力学における)　6
物理量(量子力学における)　9
部分表現　20
不変量　18
プランク(M. K. E. L. Planck)　2, 5
プランク定数　2, 8
プランクの公式(空洞放射に対する)　2, 74
ブロッホの定理　90
分散(物理量の)　13
分配関数　29, 73
分布　28
ベクトル・ポテンシャル　75
ヘビサイドの関数　38
ベルヌーイ数　75
ヘルムホルツの自由エネルギー　29
ポアソンの括弧式　6
ポアンカレの補題　78
ホイヘンス(C. Huygens)　16
方位量子数　57, 69, 73
ボーア(A. N. Bohr)　5, 72
ボーアの量子条件　72
ボーズ-アインシュタイン統計　31
ボーズ粒子　26, 31
ボーム(D. Bohm)　75
ボルツマン(L. Boltzmann)　2, 27
ボルツマン定数　2, 29

ま 行

マクスウェル(J. C. Maxwell)　2, 16, 27
マクスウェル-ボルツマン統計作用素　29
密度行列　27
メタプレクティック群　59
メタプレクティック表現　59

や 行

ヤング(T. Young)　16
ユニタリ双対　21
ユニタリ同値　8, 21
ユニタリ表現　20
ユニタリ変換群　20
陽子　3
余接束　33

ら 行

ライプニッツ則　45
ライマン(T. Lyman)　5
ラゲールの微分方程式　70
ラザフォード(E. Rutherford)　3, 72
ラメの弾性定数　108
ランダウ準位　48
力学的エネルギー　6, 9
離散的弾性ラプラシアン　96
立方格子　86
リュードベリ定数　5
量子化　32, 58
量子力学　6
量子力学系　8, 18, 20, 27, 36
量子力学的運動方程式　8
量子力学的ハミルトニアン　33
量子力学的物理量　9
ルジャンドルの多項式　58
ルジャンドルの微分方程式　57
零点エネルギー　73, 99
レイリー–ジーンズの法則　2
レナルト(P. E. A. Lenard)　3
連続体極限　93

わ 行

ワイエルシュトラス–ストーンの近似定理　57

■岩波オンデマンドブックス■

岩波講座 物理の世界　物の理 数の理 5
数学から見た量子力学

```
2005年 6月28日   第 1 刷発行
2007年11月22日   第 2 刷発行
2024年10月10日   オンデマンド版発行
```

著　者　砂田利一
　　　　（すな だ としかず）

発行者　坂本政謙

発行所　株式会社　岩波書店
　　　　〒101-8002　東京都千代田区一ツ橋2-5-5
　　　　電話案内　03-5210-4000
　　　　https://www.iwanami.co.jp/

印刷／製本・法令印刷

© Toshikazu Sunada 2024
ISBN 978-4-00-731493-3　Printed in Japan